知·趣

猫奴圖傳

中国古代喵呜文化

刘朝飞　著

浙江古籍出版社

图书在版编目(CIP)数据

猫奴图传：中国古代喵呜文化 / 刘朝飞著 . -- 杭州：浙江古籍出版社，2023.6（2024.5 重印）
（知·趣丛书）
ISBN 978-7-5540-2624-3

Ⅰ.①猫… Ⅱ.①刘… Ⅲ.①猫－文化－中国 Ⅳ.① S829.3-05

中国国家版本馆 CIP 数据核字（2023）第 087111 号

猫奴图传：中国古代喵呜文化

刘朝飞　著

出版发行	浙江古籍出版社
	（杭州市环城北路 177 号　电话：0571-85068292）
网　　址	https://zjgj.zjcbcm.com
责任编辑	伍姬颖
文字编辑	吴宇琦
责任校对	吴颖胤
封面设计	吴思璐
责任印务	楼浩凯
照　　排	浙江大千时代文化传媒有限公司
印　　刷	浙江全能工艺美术印刷有限公司
开　　本	787mm×1092mm　1/32
印　　张	8.75　　　插　页　2
字　　数	180 千字
版　　次	2023 年 6 月第 1 版
印　　次	2024 年 5 月第 2 次印刷
书　　号	ISBN 978-7-5540-2624-3
定　　价	58.00 元

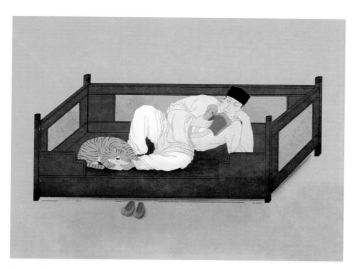

橘子《陆游暖脚图》

橘子《张抟群猫嬉戏图》

天生风采虎纹斑

——序刘朝飞《猫奴图传：中国古代喵呜文化》

忘记是哪天了，看着手边的书架，我发现了一个颇有意思的现象：孔夫子自称是"述而不作，信而好古"，刘朝飞出书则有个先述后作的规律，而且常常疑古非今。他先是点校了清人的《山海经笺疏》，然后自己写了一本《志怪于常：山海经博物漫笔》；又点校了清人的猫书《衔蝉小录》，然后自己写了一部《中国古代喵呜文化》。转念一想，其实这也不奇怪。在古籍点校的过程中，往往会产生骨牌效应，接触到很多延伸文献，并能由此发现不少有待解决的历史遗留问题，管窥而锥指，日积而月累，自然可以逐步形成自己的意见和著作。

"山海经博物漫笔"只是副题，正题叫做"志怪于常"，副题总结了书的内容，正题则包含着刘朝飞对《山海经》的评价与态度。同样，《中国古代喵呜文化》也有个蕴藉地表达作者态度的正题"猫奴图传"。猫奴一词，原是古人对猫的爱称，譬若黄庭坚《谢周文之送猫儿》诗云："养得猫奴立战功，将军细柳有家风。一箪未厌鱼餐薄，四壁当令鼠穴空。"猫奴，有的版本又作"狸奴"，也是在爱称猫；《山海经博物漫笔》里面有一文，即题为《狸奴·小於菟》。如同鲁迅旗帜鲜明地表示自己"仇猫"，刘朝飞从不讳言自己"讨厌猫"，但他却喜欢挪借"猫奴"来指称古代的"铲屎官"。

潜入故纸堆，一番爬梳之后，有料有趣的"猫奴列传"便呈现在了读者面前：中国历史上第一个典型的猫奴张抟，第一篇猫的传记的作者司马光，宋诗界以猫奴闻名的第一人陆游，等等。但这并非刘朝飞的最终目的，他之所以撮述这些古代故事，是为了借机给今天的爱猫人士来一次当头棒喝："所谓很多人爱猫非爱猫，对猫根本不了解。"首先，人们"白天喂猫，晚上抱猫睡觉，这个根本不符合猫昼伏夜出的生理特点"。其次，"很多人认为猫捕鼠是天职、天性，其实不然。真正有生活经验的人都知道，猫捕鼠其实是需要训练的，而且有的猫根本就很难训练出来"。还有，"猫是独居动物这一点，很多人也是熟视无睹，硬把多只猫养在一起"。诸如此类，可视为刘朝飞的非今。《管子》曰："爱者，憎之始也。"憎，未尝不是一种变相的爱。刘朝飞自言恨猫，结果比许多爱猫者更懂猫。这，真不失为一个橄榄①般值得细品的悖论。《猫奴图传：中国古代喵呜文化》有云："我想庄子其实也有可能喜欢猫，只不过庄子爱的肯定是自然生长的猫，而不

---

①阳修《水谷夜行寄子美圣俞》："初如食橄榄，真味久愈在。"品味橄榄常用来形容回味无穷。

是作为别人的工具、猎物和宠物的猫。"这极有可能就是刘朝飞的夫子自道。

再来瞧瞧他的疑古。其《奇怪的知识——中国古代有关猫的"物理"》一篇之"洗面过耳"一节云:"《酉阳杂俎》:'俗言猫洗面过耳则客至。'这是说,民间传说猫洗脸过耳朵,家里就会有客人登门。此说《尔雅翼》亦载之,在明清典籍中也不算罕见(《夜航船·物理部》即有之),然而不录于《物理小识》,或许是因为方以智不相信它吧。"言外之意,他刘朝飞就更不相信了。我以前发表过一篇《从俗话看猫性》的随笔,也质疑了《酉阳杂俎》此说。猫习惯在餐后先用舌头舔湿前腿,再举起前腿去擦拭自己的脸,犹如人拿帕子洗面,有时的确会举过耳朵,但绝非主家将有宾客光临的前兆。或许德国人已有见于此,才把他们的谚语修订为"猫儿舔胡髭,我们有客至"(Die Katze leckt ihren Bart, wir bekommen Besuch);毕竟猫舐须的概率要比洗面过耳小得多。

疑古非今之外,《猫奴图传:中国古代喵呜文化》主要是一册关于猫的"博物漫笔"。很多养猫或爱猫的人通常只沉迷于猫的外貌、气质,其历史,其文化,却少有关注,当然更谈不上研究了。比如短期养过猫的我,曾在2010年4月10日的微博里写道:"渴望有一只猫,一只提它后颈它会蜷腿的猫,据说这样的猫才捉老鼠。"待十一年后读了

《猫奴图传：中国古代喵呜文化》，方知古时即有类似的"相猫经"："提其耳，而四足攒者，良。"这样的民间经验，书中俯拾即是，即便不能实际指导养猫，至少亦可增加茶余谈资。

以往有关猫的书，或是辑录古人片言只语而成，如孙荪意的《衔蝉小录》；或是以猫为题的文学作品，如老舍《猫城记》；或是辑录现当代作家写猫的专篇而来，如陈子善《猫啊，猫》等；其他，也就是我们在市面上见到的大多数猫书，其实是外国作品。刘朝飞《猫奴图传：中国古代喵呜文化》，则是有史以来第一部中国古代猫文化专著。一个不爱猫的作者，以一种极大的热情，埋头研究了若干年，集成一部饶有趣味的猫书：嗯，事情就是这样。

在"悦"读《猫奴图传：中国古代喵呜文化》书稿的过程中，我收到了刘朝飞寄赠的点校新作《李贺歌诗笺注》（内中有一句"桂叶刷风桂坠子，青狸哭血寒狐死"，刘朝飞认为这个"狸"即猫之别名），按照以往的节奏，似乎又将有一卷关于李贺的《漫笔》从他的案头诞生了。是为序，亦为祝愿。

林赶秋
辛丑年四月于都江堰

目　录

猫奴图传

历史上，"猫奴"这个词同"狸奴"一样，指的就是猫，如宋代诗人曾几在其诗《乞猫》中说："春来鼠壤有余蔬，乞得猫奴亦已无。"猫本为畜类，改称"奴"本是相对高抬的行为，表达人们对猫的宠爱。这个古人的称谓心理，与今天我们的认知存在巨大差异。

今天我们的网络语言中，猫被称为"主子"，宠猫的人自称为"猫奴"和"铲屎官"。现在很多人习以为常，以此来表达对猫的喜爱。

下面我们也把喜欢猫的古人称为"猫奴"，来看一下他们的"猫主子"曾经的"辉煌"吧。

张　扬

中国历史上第一个典型的猫奴，是唐末的张扬。

这个时间点非常有意思。后文将会有大量的篇幅来说明，家猫自南北朝时期进入中国，至唐代大部分时间内，普遍有着不被认可的形象特点。一开始人们怕猫、讨厌猫，甚至恨猫。然而时至唐末，家猫在人们心中的形象，终于开始有了好转，此后便一发不可收拾。

话说，张抟喜欢猫，所养不可胜数，其中七只尤佳，价值昂贵，且各有芳名。

第一名"东守"，这个名字估计跟太守之类的官名有关，可能是这只猫儿身具官威。

第二名"白凤"，明显这是一只纯白的猫。

第三名"紫英"，估计是一只紫色的猫。但古人说的紫色，跟我们今天说的紫色，应该有一些区别。猫身上不太可能有今天说的那些明显的紫色。

第四名"祛愤"，又作"怯愤"，当以前者为正。"祛愤"意近"忘忧"，是"萌萌哒""好治愈"的意思。

第五名"锦带"，明显是一只花猫，毛色如同织锦的衣带。

第六名"云团"，又作"云图"，大概是一只白胖子猫。

第七名"万贯"，可能是买的时候价高，或者身上的花纹如同金钱。（原文只有名字，命名原理都是我们现在推测的。）

这个说法多见于清代康熙年间的文献（《曝书亭集》《樊榭山房集》《格致镜原》《广事类赋》《佩文韵府》《骈字类编》等）引《记事珠》或《妆楼记》，这两种书据说都是唐末五代时的作品，作者分别是冯贽和张泌。

但宋代并没见有人提及此事。元《说郛》（四库全书本）倒是表明此说出自张泌《妆楼记》，但不甚可信。明代著作中，只见有董斯张《广博物志》引《记事珠》言及于此。

也就是说，从文献学角度来看，这条"七猫佳名"的材料，有可能是明末清初人伪造的，并非唐末宋初的真实记录。但即使真是伪造，也不是空穴来风。

北宋时期的《南部新书》中记载，连山大夫张抟，雅好养猫，所养猫儿众色皆备，每只都命以佳名。每当张大夫忙完公务回家，那些猫儿都会齐聚门中，迎接主人归来。几十只猫儿首尾相接，围着张抟伸脖子蹭人小腿，一派和乐融融的景象。屋中还有绿纱的帷帐，张抟让猫儿们在那里面嬉戏。于是，有人就传说张抟是"猫精"。

《南部新书》"猫精"这条史料中，只说张抟"好养猫儿，众色备有，皆自制佳名"。《记事珠》《妆楼记》等书中的"七猫佳名"，当即据此敷演。具体的七猫佳名虽可能出于后人编造，但当时所养必各有佳名。而绿纱帷帐内戏猫，更是实有其事。

唐末"猫精"张抟的出现，标志着中国开始进入宠猫时代。

张抟在正史中无传，生平事迹今已不甚明晰。其名"抟"（繁体为"摶"）或作"搏""博"，未知何者为正。《衔蝉小录》中多作"张搏"，但他书多作"张抟"，今姑且从众。

唐懿宗朝，张抟曾先后任湖州刺史、苏州刺史，起陆龟蒙为副手，《新唐书·隐逸传》有记。张抟任苏州刺史时，于府衙后堂前广植木兰，陆龟蒙有诗（见《岚斋集》《吴都

《文粹》等）咏之曰：

> 洞庭春水绿于云，日日征帆送远人。
> 曾向木兰舟上过，不知元是此花身。

是张抟一生，起隐士，植名花，养群猫，自然一种风流，千载熠熠。

琼花公主

唐末张抟之后的五代时期，后唐有一位琼花公主，嫁孟知祥（即后来的后蜀高祖）为妻。说来也巧，琼花即木兰，张抟也因木兰堂闻名。

这个琼花公主，又称"琼华长公主""福庆长公主"，为李克让之女。史书中虽有记载，实际上如同多数古代女性，也是生平不甚详。

只有《清异录》中记她自小养的有两只猫儿，一雌一雄，毛色各异。有一只通身雪白，但应该是嘴角有一点异色，所以叫做"衔花朵"，或者按照原文标题应该叫做"衔蝉奴"。另一只黑身白尾，名叫"麝香骟妲己"，或者"昆仑妲己"。这个名字就不太好理解了。

清末学者俞樾就对此发出过疑问，说不知为何给猫起一个名字叫妲己。其实《猫苑》里早就说过："若夫妲己之称，不更以其柔媚而可爱乎？"因猫有媚态，所以方之美人。昆仑有黑的意思，如昆仑奴即黑人仆役。"昆仑妲己"当即"黑美人"。

至于"骟"义为紫色马，"麝香骟"本是马名，大概是这马有似于麝（香獐子）。但放在这里，"麝香骟妲己"解作"芬芳紫美人"，只能硬说大概是这黑猫黑得发紫了。

不管这些名字如何解释，反正当时琼花公主对她这两只猫儿的爱，是溢于言表的。想当时蜀人必定盛传其爱猫之事。

宋代龙衮《江南野史》又记，曹翰出使江南，一开始不苟言笑，使得南唐后主李煜没有办法对付他。后来韩熙载设计，让官妓徐翠筠打扮成良家少女，在竿子上绑上红丝，逗弄着花猫，故意让曹翰看见。曹翰见后，果然被徐翠筠勾引，做出不齿之事，并写下《风光好》的艳词。这桩丑闻，后来便被李后主利用，羞辱了曹翰一通。

原文"红丝标杖，引弄花猫"之物，分明是现代人常用的逗猫棒。古今猫奴，同理同趣啊。

这个故事虽然不是在说猫奴，但猫之媚，以及其女性化色彩，在其中表现尽致。又是相近时代之事，所以今附在琼花公主之后述之。

〔五代〕周文矩《仕女图》

司马光

与上面说的张抟与琼花公主不同，温国公司马光自然不以猫奴著称于世。学者习其《通鉴》，民间艳传砸缸，区区养猫小事，固然不为人重视。

但温公家养猫非只一日，而且温公《猫虪传》是史上第一篇猫的传记，所以《猫奴传》中自当有温公一席之位。清人三种猫书《猫苑》《猫乘》《衔蝉小录》中，竟然都漏收此传，着实令人扼腕。

此《猫虪传》作于北宋哲宗元丰七年（1084），当时温公已然年过花甲，而两年后是温公离世的时间。可以想象，这是一位空前绝后的史学大家，在看惯金戈铁马、尔虞我诈之后，放下帝王将相、侠义豪杰，而为看似微不足道的猫儿，特意开创性地写下的传记。

在文章的开头，温公就说：上天赋予的仁义，不只体现在人的身上，凡有情众生皆有，质相同而量有异罢了。意思是猫也有仁有义。虽然这仍然多少有些以人类的道德标准来衡量动物的意味，但往下文读的时候，我们就可以感受到温公那种宽慈之风，非一般常人可比。

温公说："余家有猫曰虪。"在温公之前，自然也有人以猫为主题写过文章，比如崔祐甫《奏猫鼠议》、牛僧孺《谴猫》等。但前人写猫，都是以猫这个物种为单位进行论事，所以他们的文章中，猫不需要有名字。温公的这篇传记，则是专以某猫个体为主，所以这篇文章中的两只猫都有自己的名字。䝙（shù）字本义为黑虎，大概温公家这只猫是黑色的吧。

温公家养的猫不只一只，只有猫䝙每次在跟别的猫一起吃饭时，懂得礼让，等别的猫吃饱之后它才过去吃。偶尔别的猫回来吃，猫䝙还会再次退避。别的猫生了小猫，猫䝙就会把小猫放自己窝里，当自己的小孩一样养活，甚至爱视它们超过亲生的。

有的坏猫不懂得感念猫䝙的恩德，反而把猫䝙生的小猫吃掉，猫䝙也不跟它计较。温公的家人因为《白泽图》说过"家畜自食其子者不祥"这样的话，见到猫䝙在一旁，以为它也一起吃小猫，所以将猫䝙痛打训斥了一番，然后把它遗弃在寺庙里。猫䝙来到寺庙之后，僧人怎么喂它它也不吃，藏在一个洞里将近十天，最后饿得要死。家人终究是可怜猫䝙，就把它抱了回来。回来之后，猫䝙才开始进餐。

自此之后，家中每当产下小猫，就让猫䝙哺育。有一次，猫䝙为了保护小猫，而与狗搏斗了一场，差点被狗咬死。多亏家人解救，它才幸免于难。

后来猫䝙因年老多病，不再能够捕鼠，好像就没有什么用处了。温公不愿意放弃它，还常常亲自投喂。

猫䝙死后，温公命家人以竹箱为棺椁，将之葬于西园。当时是元丰七年（1084）十月甲午日。猫䝙自生至死，经历了大概二十年，是一只异常长寿的猫。

以上便是《猫麟传》的主体内容。

温公说：昔日韩文公（韩愈）作《猫相乳说》，以为所谓的猫相乳是北平王的仁德感应上天而招致。现在我见到自己家中猫麟的事，才知道同一物种的不同个体，自然有善恶之分。也就是说，一只猫会不会哺育其他猫生的小猫，其实要看具体猫个体的善恶，与人之仁德无关。韩文公的说法，近乎向北平王献媚。

虽然温公的说法在我们今天看来，也未必完全可取。但温公见猫相乳，未尝激动，未尝以为是己德或君德所致，而是从一只猫的个体区别去考虑问题。相对而言，确实比韩文公要高明不少。

而那些以猫相乳为祥瑞，高调进献当官的人，如王燧之辈（见本书《猜不透的是你——志怪文献中其他的猫》之"伪孝伪义"一节），不知会不会因温公而自惭形秽。

如温公所说："嗟乎，人有不知仁义，贪冒争夺，病人以利己者，闻麟所为，得无愧哉？！"终将德业推于猫身，则更是胜人一筹。

温公又引用司马相如《谏猎书》的话"物有同类而殊能者，故力称乌获，捷言庆忌"，说同样是人，但能力不同，讲究力量首推秦国的乌获，讲究敏捷首推吴国的王子庆忌。温公说，人是这样，猫也是，每只猫都是独一无二的，品德能力互不相同。

福尔摩宝《窦中猫麟图》

猫虪之后，温公又讲了自家另外一只猫的情况。

早年温公任郓州通判的时候，养了一只叫"山宾"的猫。山宾几个月大的时候，碰上一只耳鼠捕获了一只大老鼠，正在吃。山宾就过去把耳鼠赶走，夺了人家的大鼠。

后来因为山宾弄脏了温公的书，温公就让人把它送给了都监官员常鼎。因为山宾野鄙，家人是用袋子装着送过去的。但因为常鼎的住所离着温公近，所以没几天山宾又跑了回来。然后温公又给它送走，还嘱咐婢女拴紧，但后来山宾还是带着绳子跑了回来。常鼎便责备那些婢女说："你们虽然是人，但怎么还不如一只猫对主人忠心呢？"

最终，温公还是不想要这只猫，仍然将之遣返，这回山宾就再也没有回来了，不知最后如何。

温公说：山宾不像虪那般，我只是欣赏它不忘旧主，所以在《猫虪传》之后又记录了山宾的事。

陆　　游

唐诗中写到猫的内容甚少，但宋元诗中，写到猫的就实在太多了。

著名的如黄庭坚，有《乞猫》：

秋来鼠辈欺猫死，窥瓮翻盘搅夜眠。

闻道狸奴将数子，[①] 买鱼穿柳聘衔蝉。[②]

又《谢周文之送猫儿》：

养得狸奴立战功，将军细柳有家风。[③]

一箪未厌鱼餐薄，四壁当令鼠穴空。

宋诗中对猫充盈的爱意，也是唐诗中不曾有过的。

而宋诗界以猫奴闻名的第一人，还得说是南宋的陆游。

陆游爱花，有《天彭牡丹谱》一卷传世，又有"何方可化身千亿，一树梅花一放翁""零落成泥碾作尘，只有香如故"等名句。

猫奴，对于陆游来说就是另一个身份了。

最为人所爱的句子"我与狸奴不出门"出自此诗：

---

① 数子，小猫出生后，人会数一下有几只，所以"狸奴数子"有"猫产崽"的意思。

② 买鱼穿柳，买好鱼用柳条穿着。

③ 细柳，附会汉周亚夫细柳营之典，将别名"鼠将"的猫比作周亚夫。

十一月四日风雨大作

风卷江湖雨暗村，四山声作海涛翻。
溪柴火软蛮毡暖，我与狸奴不出门。

我们高中时学过那首同题诗：“僵卧孤村不自哀，尚思为国戍轮台。夜阑卧听风吹雨，铁马冰河入梦来。”通常我们知道的陆游是一个“爱国诗人”，现在我们却发现陆游是一个“爱国猫奴”。这两首诗中，陆游想要阐发的思想，一样是家国之恨。只不过前者以柔媚，后者以刚强，表现手法略异。

类似的还有，其《书叹》虽有“猧子解迎门外客，狸奴知护案间书”之句，而我们更熟悉的却是其《书愤》的“楼船夜雪瓜洲渡，铁马秋风大散关”。

陆游养了一只猫，名叫“雪儿”，大概是毛白如雪的样子。诗人开玩笑说雪儿的前世是自己的仆僮，如今转世回来陪伴自己老去：

得猫于近村以雪儿名之戏为作诗

似虎能缘木，如驹不伏辕。
但知空鼠穴，无意为鱼飧。
薄荷时时醉，氍毹夜夜温。
前生旧童子，伴我老山村。

又有两只猫，一只名叫"粉鼻"，另一只名叫"小於菟"：

赠粉鼻

连夕狸奴磔鼠频，怒髯噀血护残囷。

问渠何似朱门里，日饱鱼飧睡锦茵？

赠　猫

盐裹聘狸奴，常看戏座隅。

时时醉薄荷，夜夜占氍毹。

鼠穴功方列，鱼飧赏岂无。

仍当立名字，唤作小於菟。

此外还有几首，也是专门写给猫的，有的夸猫儿护书有功，有的是对猫充满爱意的"责备"：

赠　猫

裹盐迎得小狸奴，尽护山房万卷书。

惭愧家贫策勋薄，寒无毡坐食无鱼。

赠　猫

执鼠无功元不劾，一箪鱼饭以时来。

看君终日常安卧，何事纷纷去又回？

鼠屡败吾书偶得狸奴捕杀无虚日群鼠几空为赋此诗

服役无人自炷香，狸奴乃肯伴禅房。

昼眠共藉床敷暖，夜坐同闻漏鼓长。

贾勇遂能空鼠穴，策勋何止履胡肠。

鱼飧虽薄真无愧，不向花间捕蝶忙。

还有如下一首：

嘲畜猫

甚矣翻盆暴，嗟君睡得成！

但思鱼餍足，不顾鼠纵横。

欲骋衔蝉快，先怜上树轻。

胸山在何许？此族最知名。

有意思的是，与前者"执鼠无功元不劾，一箪鱼饭以时来"那种带有深爱的"责备"不同，这首诗是真的在"责备"猫儿尸位素餐。当然其中自有其社会意义，就是讽刺某些国家官吏，此即所谓诗人的寄寓。陆游还写过类似的诗句："狸奴睡被中，鼠横若不闻。"（《二感》）

另外，这首诗后面有作者自注："俗言猫为虎舅，教虎

百为，惟不教上树。又谓：海州猫为天下第一。"可知猫为
虎舅的传说由来已久。

陆游还有一些诗句，表达他把猫当作灵魂伴侣，其中还
写到自己以猫暖脚的"恶趣味"：

> 陇客询安否，狸奴伴寂寥。（《北窗》）
> 狸奴共苫席，鹿麛随杖屦。（《冬日斋中即事》）
> 勿生孤寂念，道伴有狸奴。（《独酌罢夜坐》）
> 童子贪眠呼不省，狸奴恋暖去仍还。（《嘉定己巳
> 立秋得膈上疾近寒露乃小愈》）
> 谷贱窥篱无狗盗，夜长暖足有狸奴。（《岁未尽前
> 数日偶题长句》）
> 鹦鹉笼寒晨自诉，狸奴毡暖夜相亲。（《戏咏闲适》）
> 狸奴不执鼠，同我爱青毡。（《小室》）
> 夜阑我困儿亦归，独与狸奴分坐毯。（《夜坐观小
> 儿作拟毛诗欣然有赋》）

另外有一些诗句，也是饶有趣味：

> 自怜不及狸奴黠，烂醉篱边不用钱。（《题画薄荷扇》）
> 猧子巡篱落，狸奴护简编。（《习懒自咎》）
> 狸奴闲占熏笼卧，燕子横穿翠径飞。（《戏书触目》）

向能畜一猫，狡穴讵弗获？（《鼠败书》）
猫健翻怜鼠，庭荒不责童。（《自嘲》）

总之，作为一个中国历史上存诗最多的诗人，陆游写猫的诗也着实不少。粗略算来，大概能有25首之多。其中虽偶有意境重复，但大多可读，也不乏佳制。

除了上面列举的，还有“玉脍齑中橙尚绿，彩猫糕上菊初黄”（《壬子九日登山小酌》），提到的“彩猫糕”大概是当时流行的一种糕点样式，形如彩色猫儿。还有“偶尔作官羞问马，颓然对客但称猫”（《初归杂咏》），涉及“称猫”的问题，我们另外讨论。

在陆游的日记《入蜀记》里，提到一次“欲觅小鱼饲猫，不可得”，可知陆游出远门时还会带上他的猫。

童夫人、孙三

陆游《老学庵笔记》中记录了南宋初年一桩失猫案。

说秦桧的一个孙女，被封为崇国夫人，俗称为童夫人，这大概跟她的小名有关。童夫人养的一只狮子猫，本来特别受宠，这天忽然失踪了。童夫人竟然给临安府衙下令，让官差四处访查，并设定期限，不得延误。

只是期限过后，那狮子猫仍然毫无消息。猫没有找到，老百姓可倒了霉。童夫人家附近住户，就都被抓了起来。可是猫儿仍无下落，以至于办案军官也眼看要受牵连。

军官们因之惶恐万分，每日外出步行访求，见到狮子猫就抓。狮子猫抓了不少，无奈没有一只是童夫人养的那只。后来，军官通过贿赂秦府的老兵，问明童夫人那猫的形象，画了上百张图，张贴在茶馆酒肆，可最后仍是无果。

临安府尹技穷，只得用黄金打造了一只猫献上，又托了童夫人手下的近人求情，事情才算结束。

失猫这种私事，只因是丞相孙女家的事，竟然就惊动全城，连府尹都无计奈何，只得使用非常手段。由此可见，当时的社会是多么黑暗。童夫人可以说是猫奴界的耻辱。她丢的不只是猫，还丢人。

《夷坚志》所记"干红猫"事，也是与宠猫相关的一桩丑闻。此事洪迈说是听朋友亲口跟他说的，并推测是朋友亲见，总之是南宋之事。

说当时临安府内北门西边的小巷中，有一户人家，男主人名叫孙三。只有两口子住家，也没有孩子和老人。

孙三每天早上挑着熟肉出门去卖，出门时还总对自己的妻子说："照管好了猫儿啊！京城中并无此种，你不要让外人见到它。放出来让外人见了，恐怕此后必定会被人偷走。我老了，也没个一儿半女侍奉。这猫儿便跟我亲生的一般，你千万要当心啊！"每天如此叮嘱。

时间一长，街坊邻居们耳目着，可都知道这件事了。但谁也没见过他家猫，还以为不过是只虎斑的，亦不足贵，是孙三自己疯魔罢了。

这一天，孙三家的猫偶然拖着绳索跑到了门口，孙妻赶紧把它抱了回去。就在这一瞬间，人们才惊奇地发现，他家的猫真是非同凡响：只见这猫通身干红（深红色为干红），无论尾巴还是四肢皆然，连胡须都是！

这种通身干红的猫，实在是让人们大开眼界，于是大家纷纷表示惊叹羡慕。可回家后得知一切的孙三，对此十分不满，因而将妻子痛打一顿。后来孙家干红猫的事，渐渐传到宫廷之中，太监便托人开高价跟孙三商量着买下这只猫。孙三说："我孤贫一生，有饭吃就够了，要钱没用。我爱此猫如同性命，岂能割舍？！"一来二去，太监愈发想要得手。最后，还是强行给了孙家三百千钱，把猫"买"走了。

猫去之日，孙三垂着头，流着泪，恋恋不舍交出他的干红猫。之后，又将妻子痛打一顿。然后整日整夜地叹息悔恨。

事情到这里就结束的话，就很像前面我们说的童夫人之事，无非又是一个显贵欺压良民的故事。但是，情况没有这么简单。

太监得到这只干红猫之后，开始那是不胜狂喜，想要调教一番再将之进献给主上。然而不久猫儿鲜艳的色泽渐渐消退，半月时光就退成了纯白。然后太监回到孙三家，发现孙

〔南宋〕梁楷《狸奴闲趣图卷》

三夫妻早已搬家，不知去向。原来这是一个骗局！

当时有一项技术叫"染马缨"，估计这只猫就是以此法染出来的干红。之前的告诫打骂，原来都是套路。

这两件事，主角都不怎么光彩，甚至故事前前后后没有一个义人。但他们反映出来的南宋时期上至显贵下至平民普遍爱猫的民俗现象，还是比较真实的。当时的猫，已然显露出了非常强烈的宠物特点。人们对它们的关注，已经从捕鼠的实用功能，转移到了审美上。

虽然苏轼说过"养猫以捕鼠，不可以无鼠而养不捕之猫"，但明显这套理想只适用于平头百姓，达官显贵们才不管这一套呢。

《咸淳临安志》："都人蓄猫，有长毛白色者，名曰狮猫，盖不捕之猫，徒以观美，特见贵爱。" 这才是当时的真实情况。（咸淳是南宋度宗的年号，当公元 1265—1274 年。）

甚至《武林旧事》记当时市场上有"猫窝、猫鱼，卖猫儿、改猫犬"，猫窝即猫舍，猫鱼即猫粮，卖猫儿即宠物专营，这些都好理解。这个"改猫犬"，据学者推测，应当是指给猫狗做美容。

总之，南宋国都临安城里的宠物猫市场，是真的发展起来了。

桐江民

下面这个故事同样出自《夷坚志》。

说桐江（钱塘江上游）一带有户人家，养着两只猫。主人甚是宠爱这两只猫，每天是坐是卧，都跟猫儿在一起。白天把俩猫喂得饱饱的，夜里就抱着两只猫儿睡觉。时不时地就把猫儿抱在怀里，抚摩疼爱一番。出门的时候，就叮嘱婢女好好看护二猫。

这一天，有只老鼠跳到瓮中偷吃粮食，跑不出来了。（瓮的特点就是腹大口小，所以老鼠掉进去不容易往外跑。）婢女将此事告知主人后，主人甚为高兴，拿着一只猫就放进瓮里。

老鼠一见到猫，吓得上下跳踯，叫声凄厉。然而猫对老鼠却熟视无睹，意思好像在告诉老鼠"你随便吧"。过了会儿，猫索性从瓮里跳了出来。

主人为之一笑，又把第二只猫放到了瓮里。谁知这只猫刚一进去就跳出来了，一刻未曾停留，更不用说捕鼠了。跑出来还不算，只见这猫一跑跑到院子里，院子里有只小鸡正在闲玩，被猫一口咬死。

婢女怒骂道："我对两只猫儿这么好，现在它们见鼠不捕，反而残害我的鸡，养它们有什么用呢？"

主人感到有些不好意思，又让婢女去邻居家借来一只猫，

〔南宋〕佚名《冬日婴戏图》

明宣宗《五狸奴图卷》

想要放进瓮中捕鼠。可是邻家猫更是胆小，爪子抓着婢女的衣袖，甚至连婢女的手臂都给抓破了，愣是没有进瓮。而老鼠在瓮中洋洋得意，尽情地享用着粮食，连人都不怕了。

婢女感到十分生气，拿着一根木棍伸进瓮中，想要把老鼠打死。可是木棍刚进到瓮中，老鼠便顺着木棍往上爬，吓得婢女赶紧撒手，结果老鼠就此逃脱。

这个故事告诉我们，所谓很多人爱猫非爱猫，对猫根本不了解。

首先，故事主人白天喂猫，晚上抱猫睡觉，这个根本不符合猫昼伏夜出的生理特点。

其次，很多人认为猫捕鼠是天职、天性，其实不然。真正有生活经验的人都知道，猫捕鼠其实是需要训练的，而且有的猫根本就很难训练出来。

还有，人普遍认为自己对猫好，猫就应该懂得报答人，其实也不然。猫不一定懂得人的"好"。人对猫的自以为是的"好"，猫不一定能接受。猫报答人的方式（比如给人抓一只自己爱吃的老鼠让人吃），人也很可能不能接受。

包括猫是独居动物这一点，很多人也是熟视无睹，硬把多只猫养在一起。

了庵、景福

明代苏州的北寺中有个高僧号了庵。

了庵大师养了一只白猫，相传它自从进入佛门，就开始断荤捕鼠，极可人爱。了庵独居，出门时就把钥匙交给他的白猫，回来时敲门，猫就会叼着钥匙叮叮当当地过来找他，如此者五年。

弘治六年（1493）的某天夜里，了庵忽然梦见猫口吐人言说："我的前身是周海，因为欠了你的银两，故托生为猫来报答。如今债满时至，我也要走了。"了庵醒来后，感到十分惊奇。他给猫置备下食物，猫也不吃，只是摇着尾巴，好像在道别。然后猫出门而去，就再也没有回来。

事见侯甸《西樵野记》。

轮回转世之说，今人已普遍不信，但古人信之甚深。前文陆游"前生旧童子，伴我老山村"，即与此同理。

大概是了庵日有所思，才梦到自己与猫的缘来缘去，并视之为命中注定吧。

同样是在弘治年间，在杭州城东的真如寺里，住着一个高僧，法号景福。景福大师也有一只猫，也是极可人爱。景福每次出门，也是都把钥匙交给猫儿，回时敲门，猫也把钥匙叼出来交给主人。而且别人敲门，或者说话声音不是景福的，猫都不把钥匙叼出来。事见郎瑛《七修类稿》。

这个记录虽然也很奇异，但没有转世偿债之说，后来也没有记录猫的离去。与前者相比，虽然真实性大增，但就如同把《红楼梦》中黛玉改为不是为还眼泪而来的，让人感觉少了些味道。

大概猫奴都更愿意相信，自己和猫的缘分是命中注定吧。

明代自然还有其他猫奴，比如宣宗、世宗两位皇帝，宣宗有《五狸奴图卷》传世，世宗以"霜眉"之猫闻名，养猫列入皇家日常规划。又，武宗正德二年（1507）始设"豹房"，神宗万历年间又为家猫设"猫儿房"。但事涉奢靡，所以我们这里不展开。

孙荪意

清人的爱猫程度，上了一个崭新的台阶。

清早期自钱芳标赋《雪狮儿》咏猫，接踵者有朱彝尊等十家，而且后来者常常一题多篇，如朱彝尊之题即曰："钱葆盼舍人书咏猫词索和，赋得四首。"此亦可谓现象级咏猫事件。

嘉庆年以后，更是为猫撰辑专书，王初桐有《猫乘》，孙荪意有《衔蝉小录》，黄汉有《猫苑》，清人爱猫之深，自然不在话下。

今单说孙荪意。

孙荪意（1782—1818），字秀芬，一名琦，字苕玉，浙江仁和人。仁和在今杭州，自是西湖之畔，杏花春雨，钟灵毓秀。出于读书人家，父孙震元，兄孙锡麑，皆有文名。

十七岁时编撰《衔蝉小录》，有师友辈为作序言，但未曾刊行。二十四岁，嫁高第为妻，后生子高枚。高第，字云士，号颖楼，萧山人，贡生，官儒学训导，著有《额粉庵集》六卷、

《额粉庵梦芙小录》一卷。高枚，号小楼，举人，官湖南盐道。孙荪意三十七岁病逝，遗著有《贻砚斋诗稿》四卷、《衍波词》二卷及《贻砚斋骈体文》一卷。

《衔蝉小录》卷首，有其兄所作跋，读之令人垂泪，今译述如下：

嘉庆二十四年（1819）三月是我妹孙秀芬的周年祭，我因事渡江到钱清镇（今属浙江绍兴柯桥区），因而对几个外甥说："你们母亲的遗稿已经刻版了，但她整理的《衔蝉小录》怎么不一起刻出来呢？"于是外甥们请我又审了一遍稿，两个月后最终刊行。我妹名荪意，字秀芬，又字苕玉。她出生的那晚，母梦见明月掉入怀中。妹自幼聪慧过人，十岁就懂得吟诗作对。父辈中顾涑园（顾光）、许穆堂（许宝善）见到她的诗后都表示赞赏，袁子才（袁枚）先生摘出她作的警句编入诗话[1]。二十四岁那年，嫁给高颖楼为妻。颖楼是江浙名士，夫妻二人在闺房庭院之中，互相酬唱，自作师友，愉悦无比。我妹天性喜爱游山玩水，在江浙时每回出游，坐在垂着稀疏珠帘的小花船上，荡漾在湖光岛翠之间，人们望见了感觉她美若天仙。颖楼过世之后，我妹也对昔日的爱

---

[1] 今《随园诗话》中未见孙荪意诗。

好感到索然无味。妹自幼多病，身体瘦弱。去年三月，忽然因病过世，终年三十七岁，我为此哭得甚是沉痛。我妹素来爱猫，《衔蝉小录》八卷，是她未出嫁时编纂的。假如把她的生命再延续一下，书中搜采的资料应该不只有这些。啊，可惜！我离群索居，只跟弟妹在家吟诗为乐。妹嫁与高颖楼，与我虽然仅相隔钱塘江，但咫尺之间，就觉得有万里之遥。所期盼的是每年她回娘家，得以与我日夜流连，有时一起租船游西湖，望山临水，偶尔写成诗句，拿给母亲指正，以为乐事。而今都过去了，不能再得了。这回校对我妹的遗稿，更增进了我的悲痛。我的悼妹诗说："慰尔幽灵无别事，为刊遗稿嘱诸甥。（没有别的方式安慰你的在天之灵，只能校对你的遗稿托付给几个外甥。）"我妹在天有灵，或许能因此而稍稍宽慰吧。但九十岁的老父亲，跟我们兄弟，能拿什么解宽心呢？

　　嘉庆二十四年闰四月十七日，云壑兄锡麐跋尾。

　　孙荪意诗有"流水杳然去，乱山相向愁"（《夕阳》）之句，最为人称道。其《咏猫》之诗，见于《贻砚斋诗稿》卷一，表现的便是那种"爱你不需要原因"的感情：

自是胸山种，休将五德誉。

一生惟恶鼠，每饭不忘鱼。

食后只行瓦，倦来常卧书。

偷尝亦细事，鞭竹莫加渠。

《衔蝉小录》书成以后，虽在孙荪意生前未曾刊刻，但有稿抄本传于亲友之间，今本卷首即有曹斯栋与胡敬之序。据《贻砚斋诗稿》卷三，嘉庆辛酉年（1801）四月上旬，高树程造访孙府，在看过孙荪意诗词与《衔蝉小录》之后，表示十分欣赏，为之绘制《子母衔蝉图》一幅，并咏之以诗：

蓬莱仙谪本超凡，满腹才华四部兼。

惯写乌丝依翠幔，戏呼锦带傍缃奁。

龙梭多向灵台织，獭祭频将韵事添。

勉为题诗供一笑，披图应抚玉纤纤。

孙荪意亦答之以诗：

偶辑《衔蝉》一卷书，频蒙橡笔赐璠玙。

久钦名重推三绝，敢说才高继二徐。

写向纸间蚕浴后，看从花下日斜初。[1]

香薰锦什须珍重，压倒何黄信不虚。

孙荪意《衍波词》卷中并无咏猫之作，但《衔蝉小录》中有其一首"题狮猫图"的《雪狮儿》，也是追和钱芳标之作：

班班玳瑁[2]，狮毛长就[3]，临安朱户[4]。写入生绡[5]，昔日何黄休数[6]。苔阶眠处。也绝胜、顾蜂窥鼠。试挂向、书堂粉壁，牙签能护[7]。

我亦怜伊媚妩。记绿窗绣暇，衔蝉曾谱。【余旧有《衔蝉小录》八卷。】画里携来，知否玉纤亲抚[8]。含毫凝伫。想滴粉、搓酥描取[9]。双睛竖。帘外牡丹花午。

---

[1] 原注：元遗山《画猫诗》："料得仙师应细看，牡丹花下日斜初。"

[2] 班班，通"斑斑"。玳瑁，猫的毛色如玳瑁。

[3] 长（zhǎng）就，生就。

[4] 临安朱户，用孙三染猫之典。

[5] 写，指画。生绡（xiāo），指画布。

[6] 昔日何黄休数，古代名家也不值一提，形容画得好。何黄，指宋代画猫名手何尊师与黄筌。

[7] 牙签，牙骨制成的签牌，这里指书籍。

[8] 玉纤，指女子之手。

[9] 滴粉、搓酥，形容猫的手感。

　　孙荪意养过一只狮子猫，以词牌名而名之曰"雪狮儿"，对之宠爱有加。但其夫高第厌猫，面对猫儿穿梭几案弄脏书籍，可谓苦不堪言。终于在一天夜里，高第因雪狮儿的频频嚎叫，而将之驱逐。夫妻二人为此吵架，并记之以诗。诗虽平平，事颇有趣：

所爱猫为颖楼逐去作诗戏之（孙荪意）

狸奴虽小畜，首载自三礼。[①]

祭与八蜡迎，圣人所不废。[②]

而况爱者多，难以屈指计。

立冢标霜眉，哦诗称粉鼻。[③]

黄荃工写生，昌黎曾作记。[④]

五德谑见嘲，十玩图斯绘。[⑤]

---

① 三礼，在这里专指其中的《礼记》。

② 《礼记·郊特牲》：迎猫，为其食田鼠也。八蜡（zhà），周代每年农事完毕，于建亥之月（十二月）举行的祭祀名称。迎猫，即八蜡之一。

③ 霜眉是明世宗的猫，粉鼻是陆游的猫。明世宗在霜眉死后为立"虬龙冢"，陆游为粉鼻写诗。

④ 黄荃，当作黄筌，宋初画家，善画猫。昌黎，这里指韩愈，韩愈曾撰《猫相乳说》。

⑤ 五德，明代僧人曾戏言"猫有五德"。十玩图，唐武宗即位前命人所绘，"十玩"中的"鼠将"即猫。

黄金铸像偿，沉香斫棺瘗。①

乃知爱猫心，无贵贱巨细。

余亦坐此癖，张抟绝相似。②

贮之绿纱帷，呼以乌圆字。③

箬裹红盐聘，柳穿白小饲。④

时时绕膝鸣，夜夜压衾睡。

著书盈简编，颇自矜奇秘。【余著《衔蝉小录》八卷。】

神骏支公怜，笼鹅右军嗜。⑤

所爱虽不同，玩物宁丧志。

檀郎独胡为，似疾义府媚。⑥

一旦触其怒，束缚遽捐弃。

据座啖牛心，虽然名士气。⑦

当门锄兰草，颇伤美人意。

---

① 黄金铸像，指童夫人事。沉香棺，清初顾媚曾用沉香为棺木埋葬自己的猫。

② 张抟，即张抟。

③ 乌圆，字面意思是指猫的眼睛又黑又圆，古人常用之为猫名。

④ 古人买猫或雅称为聘猫，"聘礼"通常是竹叶（箬）裹着的食盐。古人喂猫，有用柳条穿着的小鱼（白小）。

⑤ 支公，指东晋僧人支遁，支遁爱马。右军，指王羲之，王羲之爱鹅。

⑥ 檀郎，古代美男子潘岳的小名叫檀奴，后世因以檀郎代指情郎，有美称之意。义府，唐李义府为人柔而害物，故被称为"李猫"。

⑦ 啖牛心，用《世说新语》中王济之典，形容人粗豪。

知君味禅悦，此举非无谓。

吞却死猫头，悟彻无上义。[1]

憎猫诗答苕玉作（高第）

苕玉所爱猫余逐之，苕玉作诗相谑，爰答斯篇。

狸奴本常畜，惟捕鼠是责。

反是职不修，奚用此五德。

外貌托仁慈，内性实残刻。

溪鲜佐饔飧，锦毡恣偃息。[2]

齰图或褫书，倒瓮或翻甓。[3]

黠鼠或同眠，邻鸡或遭殛。

一朝佳客至，每叹鱼无食。

况复彻夜号，咆哮胡太逼！

主人静者流，寒灯勤著述。

趁暖入床帏，乘虚踞枕席。

既难加防护，能忍此狼藉。

子独何为者，而乃好成癖。

---

[1] 死猫头，佛家有"死猫头最贵"之说，阐发无贵无贱之哲学思想，这里其实应该是孙荪意在"责骂"丈夫。

[2] 溪鲜，指鱼。饔飧（yōng sūn），指饭。

[3] 齰（zé），咬。褫（chǐ），夺。甓（pì），砖。

穿以黄金锁，染以凤仙汁。

流连绣榻旁，旋绕镜台侧。

偶然一抚摩，娇鸣时伴膝。

摇尾而乞怜，卑顺同婢妾。

不知章惇身，仙姑早认识。①

又如义府貌，时人动讥斥。

挥之且不暇，翻致重珍惜。

余方拟檄讨，尔胡措词饰？

猫狸戒勿畜，慈悲见佛力。

淡焉结习忘，庶几清净域。

　　高第与孙荪意伉俪情深，多有酬唱赠寄之作，如孙荪意《寄颖楼》句曰"春来笔墨多疏懒，不为思郎不作诗"。孙荪意还画过《额粉庵联吟图》来描绘自己的幸福婚姻，还有人填词对这对神仙眷侣表达了实名羡慕②。高第亦有《自题额粉庵联吟图》：

----

① 传说宋代虞仙姑曾指着一只猫警告蔡京说："这是章惇（dūn）的转世。"章惇、蔡京，官声皆不佳。
② 孙云凤《虞美人·题秀芬妹额粉庵联吟图》："翠屏良夜疏帘晓。雪月花时好。鸾笺争擘句先成。应忆谢庭风絮那时情。　池塘梦草笼烟碧。江水盈盈隔。灵心试问绿窗人。分得画眉仙笔几分春？"（见《小檀栾室汇刻闺秀词·湘云馆词》）

平生健笔鼎能扛，为有蛾眉势也降。

要识名姝原第一，敢夸国士本无双。

回文织就鸳鸯锦，绣佛题成翡翠幢。

二十四番吟不尽，层层新绿上雕窗。（其一）

击钵初终粉未干，居然闺阁峙骚坛。

诗逢同调才争艳，曲到双声和亦难。

牙管香生花灿烂，银钉红照影团栾。

却怜题罢增惆怅，冷煞清江月一丸。（其二）

但可惜高第不喜欢猫，所以发生了一些小争端。从二人还能够写诗互嘲来看，矛盾也不算太深。在二诗的字里行间，如"戏之""相谑"等，我们读到的，也全然是打情骂俏。据高第《狸奴惹谤》一文（见《额粉庵梦芙小录》），孙荪意将自己和高第的猫诗给朋友们传阅之后，一时间郭麐、张心宇、胡敬等猫奴皆党同伐异，认为是高第煮鹤焚琴，呼之为"俗物"。

孙荪意《衔蝉小录》之后，清末绍兴女子孙芳祖，又欲为《续衔蝉录》。可惜孙芳祖十九岁即夭折，书终未成。

孙荪意三十七岁谢世，《衔蝉小录》实多缺漏，美中不足，也是猫奴史上一大憾事。

橘子《孙荪意读书戏猫图》

我们一起学猫叫

汉末王粲爱驴叫，在王粲的葬礼上，曹丕带领着亲朋好友，一人学了一声驴叫，后世遂传为佳话。

后人爱猫，远胜于驴。那又有多少有关猫叫的奇闻呢？

"喵""咪"只有几十年

《诗经》中有大量有关动物的拟声词，如"关关雎鸠""呦呦鹿鸣"等，但其中却没有写到猫的叫声。

"今人不见古时月，今月曾经照古人。"古代的猫叫起来，自然与今天的猫相差无几。但古人记述猫叫声的词汇，却跟今人不大相同。今天提到猫的叫声，我们想到的无外乎"喵""咪"。但查一下字典你会发现，这两个字被用来表示猫叫，似乎是非常晚的事。

"喵"字在古代的字书如《康熙字典》中，根本就不存在。这个字应该是直到民国时期才被收入某些字典，如1932年的《国音常用字汇》及1949年的《增订注解国音常用字汇》，前者还只是收录了字形和字音，后者才有"猫鸣声"的释义。现在我们常用的字典里，更是普遍收入此字了。而像1921

年的《校改国音字典》，甚至 1979 年的《辞海》中，就没有"喵"这个字头。

由于字典都是"后知后觉"，所以现实中肯定是先有人在用这个字。但我所见辞书中，只有商务印书馆《古今汉语词典》中有一条书证，即林淡秋《散荒》（发表于 1955 年）："'死猫'早已溜走了，依旧躲在原来的暗角里喵喵地叫，绿沉沉的眼睛尽对着她们瞧。"

另外我见张恨水《水浒新传》（发表于 1943 年）中有此"喵"字，但也没有早过 1932 年。钱锺书《围城》1980年定本中有一例"喵"，而其 1947 年初版用的却是"Mew"。

也就是说"喵"这个字，恐怕出现很晚而且少见，只是最近几十年才猛然被人们大量使用的。

"咪"的情况类似。

"咪"字倒是出现得稍微早一点。早在宋辽时期的《龙龛手镜》中就有收录，但长久以来这个字其实表示的是羊叫声，即通"咩（miē）"，或者干脆说"咪"字就是"咩"

字的讹写。

顺便一说，所谓佛教"六字真言"（唵嘛呢叭咪吽）中的"咪"也要读 miē，而这个字本来右边是"迷"，作"米"是"简写"。

明确的"咪"字读 mī 并表示猫叫，据我所知首见于小说《泪珠缘》（约出版于 1921 年）第四十七回："那猫果然咪咪的叫将起来。"1933 年《顺义县志》记"猫叫声"为"米米"，正说明当时"咪"表示猫叫的写法还不通行。清同治六年（1867）《河南府志》："呼猫谓之密密。"同乎今人谓猫为"咪咪"。

总之，"喵""咪"二字被用来表示猫叫声，大概不超过一百年，而尤以最近几十年为多。

古代猫怎么叫

那么古人怎么描述猫叫呢？

李时珍说，猫字有苗、茅二音，它的名字就是自己的叫声。说的是人们觉得，"猫"这个字的读音，跟猫的叫声很像。当今以"喵"字表示猫叫，字中的"苗"即可看做是"猫"字的省文。

元代俞琰《席上腐谈》中说："或谓自呼其名者，鸭鹊猫狗亦皆能之。"再往上，早在南北朝时期的刘昞就说过"听猫音而谓之猫"（《人物志》注）的话，则这种想法，很早就已经出现了。

明代沈周《石田杂记》中记闽地（福建）"其骂声云貌貌，即猫叫声"，时人有句："昨听邻家骂新妇，声声明白唤狸奴。"说明古"貌"字读如猫叫。

无独有偶，埃及人即用"一个令人愉快"的拟声词 miu 来表示猫。

明代小说《喻世明言》中说："少时老鼠却不则声，只听得两个猫儿，乜凹乜凹地厮咬了叫。""乜"字今有 miē 和 niè 两个读音，这里应该读前一个音。乜凹（miē āo）急读，恰恰跟今天的"喵"字读音极其相似。明代的读音想必也相差无几。

民国王作镐《续水浒传》第七回云："听那前檐，果是有雌雄猫儿呢吆呢吆的乱叫。""呢"今有 ní、nǐ、nī、ne 四音，今姑且取阴平声。"呢吆"（nī yāo）自然也应该是"乜凹"的异写。

1930 年唐枢《蜀籁》："扯一根毛也是咪吆，扯一捉毛也是咪吆。"此"咪（miē）吆（yāo）"亦即今之"喵"。

古或用"嗷（áo）""嗥（háo）"等字表示猫叫，如《施公案》一五九回："天霸听见此话，借猫为由，嗷嗷的叫了两声。那妇人说：你听何曾不是猫？"《海上花列传》二十回："正欲点火去看是什么，原来一只乌云盖雪的大黑猫，从床下钻出来，望漱芳嗥然一声，直挺挺的立着。"这种只能说差不多。

古人有时也用"唔（wú）""呜"等字。《聊斋志异·口技》："小儿哑哑，猫儿唔唔。"《道听途说》卷十一："鸟经练习，能引吭作丝竹声，或鸡喔喔，或猫唔唔。"《小豆棚》卷九："一日正欢笑间，忽见狸奴来扑女裙，作呜呜响。"这个大概就是描摹区别于喵喵的另外一种猫叫了。

古人也有描摹猫打呼噜的文字。如《醒世姻缘传》第七十一回："那猫儿叫人蹓脖子的一般，呼卢呼卢的自在。"

俞樾有句云："窗下喃喃猫吟佛，床头唧唧鼠求签。""喃喃"二字应该只是泛泛而言，但古人确实常将猫打呼噜拟作念佛。吴兰修《沁园春》"萧寺锦衾吟苦"，即用此事典，"萧寺"即佛寺。

《醒世姻缘传》第六回、第七回，就记载了一个骗子把一只染色的猫吹成"佛猫"，其"根据"之一就是这只猫的呼噜声尤其像是念佛：

　　　　晁大舍也着人拨开了众人，才入里面去看，只见一个金漆大大的方笼，笼内贴一边安了一张小小朱红漆几桌，桌上一小本磁青纸泥金写的《般若心经》，桌上一个拱线镶边玄色心的芦花垫，垫上坐着一个大红长毛的肥胖狮子猫，那猫吃的饱饱的，闭着眼，朝着那本经睡着打呼卢。那卖猫的人说道："这猫是西竺国如来菩萨家的，只因他不守佛戒，把一个偷琉璃灯油的老鼠咬杀了，如来恼他，要他与那老鼠偿命。亏不尽那八金刚四菩萨合那十八位罗汉与他再三饶，方才赦了他性命，叫西洋国进贡的人捎到中华，罚他与凡人喂养，待五十年方取他回去。你细听来，他却不是打呼卢，他是念佛，一句句念道'观自在菩萨'不住。他说观音大士是救苦难的，要指望观音老母救他回西天去哩。" 晁大舍侧着耳朵听，真真是象念经的一般，说道："真真奇怪！这一身大红长毛已是世间希奇古怪了，如何又会念经？但那西番原来的人今在何处？我们也见他一见，问个详细。"

清代还有一个表现"假慈悲"的笑话："猫儿眼睛半闭，口中'呼呀呼呀'地坐着。有二鼠远远望见，私谓曰：'猫子今日改善念经，我们可以出去得了。'"（《笑得好》）

清代顾恩瀚《竹素园丛谈》云："屡闻老猫衔食物唤其雏，亦作'吾芽''吾芽'声。"顾氏竟脑洞大开，以为"吾芽"似桐城方言，可解为"我的儿"！

古人怎么呼唤猫儿

古人呼唤猫儿时，大概与今人相似，即直接叫它的名字。

猫作为宠物，大多是有自己的名字的。

除了"雪儿""粉鼻"这样的专名，大概古人叫一些不知其名的猫儿时，就直接叫"猫儿"。元杂剧《谢金吾诈拆清风府》第三折："（做叫猫科，云）猫儿，猫儿！"

古人又称"猫儿"为"花儿"。清代王廷绍《霓裳续谱》卷四："猫儿那里去，花花怎不来？说着说着，我的猫儿来了，花儿来了。猫儿嘎，花儿嘎①！你在那个背背背灯影里等等波，小老鼠就出来。"至今民间唤猫，仍说"花儿花儿花儿"。据《汉语方言大词典》，河北顺义（今属北京）、成安（在河北省南部）唤猫声作"花花"。但我所在的南皮（在河北省中东部）也是如此唤猫，如此则北京官话、晋语、冀鲁官话中皆有此称。字或写作"滑滑""哗儿"，1933年《昌黎县志》："滑滑，叫猫也。"

元代白珽《湛渊静语》云："故俗以舌音'祝祝'可以致犬，唇音'汁汁'可以致猫，鸡'朱朱'，豕'卢卢'，一切以为天地间自然之应。……以余观之，朱朱、卢卢，皆像其声，祝祝声类雉，汁汁声类鼠，皆像其所欲攫而食者。"说的是这个"汁汁"声近鼠叫，所以人们发出这种声音，来吸引猫儿。但恐怕这种做法实际是无效的。猫儿听到吱吱吱的东施效颦，大概心底会浮起五个大字：愚蠢的人类。

---

① 嘎，同啊，轻声。

此北宋院本也明李諸公继上摹之予乌
得与諸公有異耶亦居朕畫之

〔清〕金农《墨戏图册》之一

明代顾起元《客座赘语》云："（留都）呼马骡驴曰'咄咄'，呼犬曰'啊啊'，呼豕曰'唠唠'，呼羊曰'咩咩'，呼猫曰'咪咪'，呼鹅鸭曰'咿咿'，呼鸡曰'粥粥'，呼鸽曰'嘟嘟'。"

只是这个里面的"咪"字，其实正是今天我们用来表示猫叫声的"咪"，因为它跟前文的表示呼唤羊的拟声词"咩"明显不同。虽然不见明代人明确把猫的叫声写作"咪咪"，但至少可以说明代人呼唤猫的时候已经发出"咪咪"的声音了。

明代小说《七十二朝人物演义》卷三："至于世俗呼鸡为粥，鹅为啊，鸭为咿，猪为啰，猫为弥，羊为理，是亦解禽兽语之一端也。"这个"弥"明显也和表示猫叫声的"咪"是一个词。

学猫叫者"非奸即盗"

古代有关学猫叫的文字不算很少，但其中大部分内容可以说是"非奸即盗"。

我们先来说这个"盗"。古人说"盗亦有道"（出自《庄子·胠箧》），其本义是说"道"这个东西，连盗都在讲，所以道不足贵。这个词本质上是对"道"的否定。后世解读为偷盗者也要讲究道术，变为对偷盗水平的肯定。

盗窃虽为人所不齿，但在民间实际自有师承和帮派，俨然具备一定规模。民间文学中，也专有一种"偷论"，其说如有"偷风不偷月，偷雨不偷雪"等。"学猫叫"，大概也是一种"盗窃之道"，小说中多有提及，而艺术正是来源于生活。

前文引《水浒新传》，原文"时迁便喵喵地作了两声猫叫"，所为正是偷盗。类似的桥段，还出现在清末小说《济公全传》《快心编初集》《春秋配》，以及民国时期的《近代侠义英雄传》等书中。其故事大同小异，可谓是小说中的"俗套"，而郭广瑞《济公全传》与平江不肖生《近代侠义英雄传》中的相关描写尤其精彩。

《济公全传》一〇八回，写到济公的俗家弟子"风里云烟"雷鸣、"圣手白猿"陈亮，另加二人的朋友"踏雪无痕"柳瑞，三人夜探吴家堡，临时起意要偷人家银库。先是利用偷灯笼分散管家吴豹的注意，借此进入银库。后来脱身不及，在人家取完银两之后被无意锁到银库之中。这种情况本来万难脱身：

柳瑞急中生巧，说："不要紧。"立刻柳瑞一装猫叫。打更的听，说："管家回来。你把猫关在屋里了。"吴豹一听，复反回来。说："这个狸花猫真可恨。它是老跟脚。"说着话，用钥匙又把门开开。在外间屋用灯笼一照，没有。吴豹进了西里间。三位英雄由东里间早溜出去，上了房。柳瑞又一学猫叫。打更的说："猫出来上了房了。"吴豹这才出来，把门锁上，够奔前面。

外号"圣手白猿""踏雪无痕"是形容轻功的，小说中轻功好的人通常也擅长盗窃。"踏雪无痕"柳瑞在书中以诙谐为性格特点，一出场就偷了雷鸣、陈亮的裤子，想必是专门"修习"过"盗窃之道"的。被锁在人家银库之中能急中生智学猫叫，想必也不是偶然。

《近代侠义英雄传》二十回，说陈广泰同张燕宾学偷，第一次"出道"，晚上来到人家陈小姐和丫鬟茶花的院落，却进不了人家的屋子：

就在这个当儿，忽听得芭蕉树底下一声猫叫。陈广泰不作理会，房里的小姐听了猫叫，似乎很惊讶的呼着茶花说道："白燕、黄莺都挂在院子里，我几番嘱咐你，仔细那只瘟猫，不要挂在院子里，你只当耳边风。你聋了么，没听得那瘟猫叫吗？还不快开门，把笼提进来。"陈广泰听得分明，心里这一喜，真是喜出望外。茶花旋开着门，口里旋咕叽道："只这瘟猫，真讨人厌，什么时候又死在这院子里来了？"门才开了一线，陈广泰顺势一推，将茶花碰得仰跌了几尺远，抢步进了房。

得手后的陈广泰逃出，与张燕宾交流过程时，提到多亏那只猫。

> 张燕宾哈哈笑道："好一只猫儿。你看见那猫是什么毛色？"陈广泰这才恍然大悟，也打着哈哈问道："你怎么知道一做猫叫，他们就会开门呢？"张燕宾道："我何尝知道他们一定会开门？不过看了你提脚要踢门，又不敢踢的样子，料知你是不敢鲁莽。我跳下院子的时候，就看见屋檐底下，挂了好几个精致的鸟笼，一时触动了机智，便学了一声猫叫。不想房里的人，果然着了我的道儿。"

至于"非奸即盗"那个"奸"，大家可以想象。无非是猫儿叫春引起人思春之类。明末清初金陵僧人牛山"放屁诗"（见《履园丛话·丛话二十一·笑柄》，又见《扬州画舫录》卷十六，云是平山作）曰：

> 春叫猫儿猫叫春，听他越叫越精神。
> 老僧亦有猫儿意，不敢人前叫一声。

《风月梦》十三回、《蜃楼外史》第八回，同时记述了一次口技表演，讲的就是少妇因猫叫思春，中间又有少妇假装与猫说话，又有伪称床下有猫捕鼠（实际是床下藏着小和尚）等情节。

古书中尤其是小说戏曲中，猫与淫邪的相关内容甚多。如《金瓶梅》一十三回，述西门庆与隔壁的李瓶儿通奸，其中一次李瓶儿的丫鬟"黑影影里扒着墙，推叫猫，看见西门庆坐在亭子上"，因而将之勾引过墙，即"上墙唤猫，阶梯过院"事。其续书《金屋梦》二十三回中又据之重演，并有一首《山坡羊·猫儿》，读者可取来一读。词涉淫邪，兹不具引。

《霓裳续谱》卷四有《夜至三更你来到》，述女子偷情，文词稍微含蓄：

> 夜至三更你来到，既要相逢，别把门敲。你来时窗棂外面学猫儿叫，叫一声奴在房中就知道。禅被着袄儿，【花花花】，我去瞧瞧，开开门，猫的一声往里跳，俏人儿来的轻巧去的妙。

有因猫成奸者，自然也有坐怀不乱，或说不解风情的事例。

明代李乐彦《见闻杂记》记，鹿门先生茅坤年轻时，在余姚钱应扬先生家读书。钱家有个漂亮丫鬟叫腊梅的，看茅坤小伙儿一表人才，便屡次设法勾引。

这天深夜，腊梅来到茅坤书房，原文写她是"呼猫"，大概当时腊梅嘴里念的是"猫儿猫儿，来来来"，表面上是在喊猫。

茅坤厉声说道："你这个丫鬟，大半夜的为何到此呼猫？！"意思是你快滚吧。

可是腊梅仍然觍着脸说："我叫的不是那小猫，叫的是你大茅啊。"（古"猫""茅"同音。）

只见茅坤正颜厉色道："我受父命远出读书，如果与你苟且，又有何脸面见老父？又有何脸面见钱老师？我不可能跟你好的，你以后不用再来了。"

腊梅听后恼羞成怒，说道："你不从我，我就去死。"后来果然投了井，幸而获救。最后，主人钱先生就把腊梅贱卖了。

原书评价说，鹿门先生少年时，就如此弘远坚贞，实在难得；最后功成名就，子孙昌达，这是他应得的。

像猫叫与传猫行令

明代龚诩有一首《饥鼠行》，讲鼠患之中，小朋友学猫叫吓唬老鼠的滑稽和悲凉：

> 灯火乍熄初入更，饥鼠出穴啾啾鸣。
> 啮书翻盆复倒瓮，使我频惊不成梦。

狸奴徒尔夸衔蝉，但知饱食终夜眠。

痴儿计拙真可笑，布被蒙头学猫叫。

此诗实"翻译"自宋代梅尧臣《同谢师厚宿胥氏书斋闻鼠其患之》：

灯青人已眠，饥鼠稍出穴。

掀翻盘盂响，惊聒梦寐辍。

唯愁几砚扑，又恐架书啮。

痴儿效猫鸣，此计诚已拙。

而"学猫叫""效猫鸣"还出现在宋代方回的《和陶渊明饮酒二十首》："鼠啮叱不止，呼奴效猫鸣。"

以上三诗，算是古人"学猫叫"中的一股清流了。

"学猫叫"现在是一个比较萌的行为，"在你面前撒个娇，哎呦喵喵喵喵喵"什么什么的。但古人没有这种感觉。

佛家传说中有一种鬼就叫"猫子声鬼"（南朝宋沮渠京声译《治禅病秘要法》卷下）。又《菩萨善戒经》卷一（南朝宋求那跋摩等译）："舍利弗，如师子吼，猫狸能不？不也，世尊。"可见佛家对猫叫声的感觉。

元代陶宗仪《南村辍耕录》卷二十七《燕南芝庵先生唱论》云：

有乐官声、撒钱声、拽锯声、猫叫声，不入耳、不着人、不彻腔、不入调，工夫少、遍数少、步力少、官场少、字样讹、文理差，无丛林、无传授，嗓拗、劣调、落架、漏气。

不用翻译，从这一堆短语中，我们自然也能感受到，"猫叫声"是一种不太好听的歌唱声。

"你爷刚唱了板一枝花，就像老猫声似的。"（《泪珠缘》第二十回）如此等例不用多举。总之古代罕见说猫叫好听的。

但古人又有"传猫行令"，类似于击鼓传花，以猫叫声决定喝酒的人。

《聊斋志异》中有一篇《狐梦》。这篇小说有一点特别，故事徘徊在真实与虚幻之间，梦境与现实，傻傻分不清。说的是作者蒲松龄的好友毕怡庵，梦中遇狐仙的风流韵事。狐仙姐妹四人，一日与毕怡庵共坐。四妹后至，出场时怀抱一猫，年龄才十二三，稚气未脱，但原文写她"艳媚入骨"。

后来大姐劝四妹少喝酒，四妹嫣然开口而笑，低头不语而去抚摸猫儿，猫儿忽然叫了一声。大姐提议把猫弄走，二姐却提议大家传递筷子，猫叫时筷子在哪个手上，哪个就要喝酒，以此行酒令。但如此行令多次，哪次都是筷子递到毕怡庵手上时猫正好叫，毕怡庵遂连喝数杯。于是众人知道，这是四妹故意捉弄姐夫。最后在二姐的驱逐下，"小女郎乃抱猫去"。

《泪珠缘》四十七回中有极其相似的情节，也是文笔可人，录在下面，结束本文：

丫头们送菜上来，猛不防叶魁甩起一只手来一撞，把一碗汤倒的满手，因那汤是烫的，一失手把个碗打的粉碎，大家吃了一惊，那茜云的猫儿早跑去抢着吃了，众人都笑起来。一时戏完了，大家都饮了一杯。茜云道："咱们今儿便把我这一个猫行一个令好吗。"柳夫人问怎么样一个行法。茜云道："折一枝桂花，咱们一顺儿传过去，猫叫一声便住了，花在谁手里谁喝酒。"婉香笑道："这个你能作弊，我不来。"茜云道："那我把猫交给你好吗。"婉香笑应着，赛儿忙道："婉干娘可不要听他的哄，前儿我和他来过，他把猫交给了我，我打他弄他拧他他死也不肯叫，我还了他，他不知怎么弄，只看轮到我那猫便叫了。"袁夫人笑道："你们不知道？"茜云忙叫太太不告诉他，袁夫人便笑笑不语。潄芳道："还是你把猫交给我吧。"茜云料想他不知诀窍，便捧过来放在他身上，丫头们便折一枝桂花交柳夫人手里，便由柳夫人起一顺轮下去，可巧到茜云手里，那猫叫了一声，茜云甘心情愿的饮了一杯，再轮到他手里，猫又叫了，茜云骇异道："奇了！"又饮了一杯。再轮到他又叫起来，茜云便说有弊，漱芳笑将起来，茜云笑道："好好，二嫂子你好。"大家因问漱芳，漱芳笑道："他这个猫也有点儿脾气，你越欺弄他，他越不叫，你这拿手向他额上抚抚他的顺毛儿，他才肯叫。"说着因抚抚，那猫果然咪咪的叫将起来。婉香笑道："那你不该连要他叫三杯叫他知道。"漱芳笑道："我只弄他叫了一声，第二回是丽妹妹学出来的，哪里真是猫叫，这会子我不弄他，他却自己叫起来。"大家都笑。柳夫人因道只个不公道，还是叫伶儿们击鼓传花罢，合席说好。

〔元〕佚名《同胞一气图》

奇怪的知识——中国古代有关猫的"物理"

中国古代有一个不甚通行的词，叫做"物理"，指的是事物的道理。后来这个词用来翻译西方"科学"之一的 physics（物理学）了，所以其古义更是鲜有人晓得。但晋有杨泉《物理论》，明末清初的张岱《夜航船》中又有"物理部"，方以智又有《物理小识》，传之于世，说明古"物理"之名终究还是有一定影响的。

古"物理"的内容范围很广，凡后来之物理学、生物学、医学，以及天文、地理甚至民俗、巫术等，皆包含其中，可谓"包罗万象"。但其本质并非科学，而是经验性的、技术性的东西，其理论基础也受限于中国传统的阴阳五行说。所以在今天我们看来，古"物理"的内容很多都是"奇怪的知识"。

下面我们以《物理小识》等书为基础，钩稽一下中国古代与猫有关的"物理"知识，博君一粲。只为好玩，因为其实这些知识大多不可靠。

《物理小识》也是钞撮古书而来，其中的说法常常有一定的来源，比如最明显的是对《酉阳杂俎》的继承。大体这些有关猫的"物理"知识，多数始于唐宋，而盛传于明清。我们这里只谈其大概，不对说法的源流进行详细梳理。

猫眼定时

《物理小识》："旦暮目睛圆，午敛如线。"（以下每节开头的引文，如果不做特殊说明，都是来自《物理小识》卷十"鸟兽类·猫"。）

就是说，猫的瞳仁在清晨与薄暮时是圆的，中午时就收成一条竖线了。这大概是不错的，古人也十分相信猫眼定时，说它"甚验"。

甚至早期西方人向中国人推销怀表时，就遇到了猫这个"商业劲敌"。当时的中国人会随便拿一只猫，对老外说："你看，我这个猫不用上发条，也能表示时间，顺便还能抓耗子呢。"把老外气得干瞪眼。

还有一首流传颇广的歌谣说："子午卯酉一条线，寅申巳亥枣核形，辰戌丑未圆如镜。"这里的地支表示的是时间，子时就是现在我们说的 23：00—01：00。

这段歌谣说的便是：猫的瞳仁，子时、午时、卯时、酉时如一条竖线，寅时、申时、巳时、亥时如枣核椭圆，辰时、戌时、丑时、未时圆如明镜。

这个说法明显有问题，即它只能在白天时部分奏效，特殊天气下的白天，其实没有那么准。黑夜里猫的瞳仁其实都是圆的，但人类的灯火也对它有一定的影响。

而且这个歌谣本身还有两个版本，一个是："寅申巳亥圆如镜，辰戌丑未如枣核。"另一个是："子午线，卯酉圆，寅申巳亥银杏样，辰戌丑未侧如钱。"也就是说，人们对猫眼何时椭何时圆是有认知差异的。

前两个版本有一个共同点，就是认为猫的瞳仁形状以三个时辰为一个周期，一天循环四次。

综合各种说法，我觉得事实应该是这样：午时一条线，卯酉圆如镜，子时丑戌看灯火，辰巳未申枣核形。但这个"事实"，又没有表示时辰的意义。

	子	丑	寅	卯	辰	巳	午	未	申	酉	戌	亥
歌谣一												
歌谣二												
歌谣三												
理想型												

传说北宋欧阳修曾得古画一幅，画的是牡丹丛下一只猫，开始时欧公还不知晓此画的精妙之处。丞相吴育偶然见之，于是说："这是正午的牡丹。你看它的花瓣舒展，色泽干燥，

这正是午时花的状态。你看它这猫，瞳仁如线，这也是午时的猫眼状态。带露珠的花儿应该姿态收敛而颜色润泽，猫的瞳仁在清晨与薄暮时则浑圆如镜，正午则如竖线。"（见彭乘《墨客挥犀》等）

这则逸事，算是"猫眼定时"的最经典案例了吧。

夏至鼻暖

"鼻端常冷，夏至一日暖。"

这个说法也是在唐代的《酉阳杂俎》里就已经出现了，可以说是非常之早。古人也非常信它，但我是不信（后半句）的。

宋人陆佃《埤雅》中还说，猫是"阴"之类，所以会"鼻端常冷"。

《尔雅翼》说猫"性阴而畏寒，虽盛暑卧日中不惮"，就是说猫怕冷不怕热。

明人杨淙又说，猫出自西方天竺国，不能适应中国的气候，所以如此。

明代还有一个叫曹安的，说：夏至那天猫的鼻子是暖的，剩下的日子都是冷的。我把这话说给人听，人家夏至那天试了下，发现猫鼻子仍是冷的，所以不信我。我说，还没到夏至的时刻。到了夏至之时，人们就发现猫的鼻子果然暖了。

说得跟真的一样。

曹安此说，记录在他的书《谰言长语》之中。"谰言长语"翻译过来，就是"没有根据的废话"，所谓"小说家言"。

陆蓓容在给《衔蝉小录》的评语中说："猫：并没有这样的事。恩准你们夏至日摸一摸，还是一样凉。"

猫宜乌药

"病则磨乌药灌之。"

据《本草纲目》引《日华本草》可知，此说最早出现在五代时期。然而宋代的《埤雅》《尔雅翼》中皆不载，可知之前流传并不广。

但明清时期，乌药磨水能包治猫犬百病的这个说法，却十分流行。或将之神化为"华佗治猫一切病神方"，所谓："猫患诸病，可用乌药磨水，灌之即愈。"（《华佗神方》民国十二年本）

一种药"包治百病"，肯定有夸张的成分。但乌药对猫病大概确实有一定疗效，详情只能期待兽医来解答了。

方以智又说：猫被人踩伤的话，给它灌苏木汤它就会好。其他书中也这么说，也有说用苏木汤洗猫的，未知验否。

桃叶除蚤

"生蚤捣桃叶触之。"这是说，猫生了跳蚤的话，就用桃叶捣烂给它涂上，跳蚤就会消失。

张岱《夜航船·物理部》也说："猫狗虱癞，用桃叶捣烂，遍擦其皮毛，隔少顷洗去之，一二次即除。"

清代刘仕廉《医学集成》中有一个药方说："桃叶、香樟叶烧烟熏，又研末和灰面，洒猫毛内，其蚤尽落。"

给猫除跳蚤的办法，也有说用樟脑粉末拌面擦抹。明代张介宾《景岳全书》云："樟脑：北方新生小猫极多跳蚤，用此拌面研匀掺擦之，则尽落无遗，亦妙方也。"

捋毛见火

"黑色者于暗中逆捋其尾则火见。"这是说，黑色的猫在黑暗中，人们反方向捋它的尾巴的时候，会出现火花。这个说法其实也来自《酉阳杂俎》。

这在我们今天看起来稀松平常，是连幼儿园的小朋友都知道的静电现象。但古人对它有一些脑洞大开的解读。

首先是古人也特别提到的"黑猫"。其实静电现象跟猫毛的颜色没关系。大概是黑猫身上的静电现象让人印象深刻，所以古人有这样的说法吧。（黑猫在古人眼里确实有点特别，不光体现在这里，另详。）

其次是古人或以为能出静电的猫有些神异，还不生跳蚤。（见《猫苑》）《酉阳杂俎》："猫于黑暗中，逆循其毛，能出火星者为异，并不生蚤虱。"

还有，其实有些古人也受西方影响知道静电现象了。《先哲医话》卷上引明人张宁说："人发、猫皮，暗中以手拂之，常见灯光，且闻爆响，西洋人以为电气发出之验，不必肝火之所为也。"

猪肝润毛

"狮子猫炙猪肝与食，令毛彩润。"这是说，狮子猫吃了烤猪肝，毛色就会变得润泽。

此说别无所见。

大概猫吃了猪肝补充了营养之后，毛色都会变得润泽，不光狮子猫如此。但长毛的狮子猫身上，这一点表现得比较明显。

相猫之法

"凡猫口腭有浪，九浪者能捕鼠。提其耳而四足攒者良，以长则懒也，亦捕蛙及鱼。猫若衔物，吹耳即放。"这是说，猫口上腭有波浪形结构，九个浪的善能捕鼠。提起猫的耳朵，如果它四脚蜷缩，就说明这只猫好；如果四脚舒展，就说明是只懒猫，而且会捕食蛙、鱼。猫如果叼着东西，吹它耳朵，它就会把东西放掉。

"相猫法"大概元明时期就已经有成文，清人或称之为"相猫经"：

> 猫，鼠将也。面员（圆）者虎威，面长者鸡绝种。口九坎者能四季捕鼠，乌喙者亚之，俗曰食鼠痕。体短则警，修者弗奋也。声阔则猛，雌者弗跁也。目金光者不睡，绝有力；善闭者性驯。尾修者懒，短者劲。委而下垂者贪，独不嗜鼠。耳薄者畏寒，尖而耸者健跃，是绝鼠。戴髭善动，靡髭善鸣。善博者锯齿。脚长者能疾走，脚短者跳跂，前短后长者骘。露爪者覆缶翻瓦。距铁而毛斑者狸，是曰鼠虎。（沈清瑞《相猫经》）

大抵古人所谓"相猫"，基本以"捕鼠"为标准，即以"家畜"来衡量猫。

从"宠物"的角度来衡量猫的也有，而且很早就出现了。比如唐《酉阳杂俎》里记载的褐花色的"楚州射阳猫"，以及红马、青马一般的"灵武猫"。到了清代，"乌云盖雪"（上黑下白）、"挂印拖枪"（白猫黑额黑尾）等等名目，更是繁多。

今天的人当然不信古人这些，而是有另外一套健康和品种的标准。比如《物理小识》中的"浪"即《相猫经》中的"坎"，今天我们就不再拿出来说了。

金眼银眼

"其自番来者，有金眼、银眼，有一金一银者。"这是说，从外国来的猫，有金黄色眼珠的，银白色眼珠的，还有一只是金眼一只是银眼的。

猫眼的颜色其实跟"国籍"没有关系。中国山东临清狮子猫，即以金银眼著称。

方以智的话，只是说明了金银眼猫的罕见。

薄荷醉猫

"食薄荷则醉。"

宋《埤雅》中即已有其说，可谓尽人皆知。

方以智还说：

斑鸠食桑椹，猫食薄荷，虎食狗，鸡食蜈蚣，蛇食茱萸，鹿得茶饮，骆驼食柳，虎伥食乌梅，狸精食羊肝，狐鼠之妖食人爪发，皆醉。

清代汪昂《本草备要》也说：

> 薄荷，猫之酒也；犬，虎之酒也；蜈蚣，鸡之酒也；桑椹，鸠之酒也；莽草，鱼之酒也，食之皆醉。

但古人又说薄荷汁可以治疗猫咬伤，这恐怕就不靠谱了。现在我们如果不幸被猫咬伤，需要去打狂犬疫苗。古人虽然没有疫苗，但薄荷汁恐怕也只能提供个心理安慰。

《物理小识》中又说："猫食甘草则死。"还说："小猫叫不止，末陈皮涂鼻上。"此二说《猫乘》（引明代宋诩《宋氏树畜部》）《衔蝉小录》中亦有，但不知验否。

死猫引竹

《埤雅》："世云'薄荷醉猫，死猫引竹'，物有相感者，出于自然，非人智虑所及。如'薄荷醉猫，死猫引竹'之类，乃因旧俗而知尔。"这是说，民间都说"薄荷醉猫，死猫引竹"，这是万物之间相互感应的结果，出于自然原因，不是凡人可以猜度的。像"薄荷醉猫，死猫引竹"之类，是因为旧有的民俗而为人所知。

《物理小识》卷九"草木类·竹"中也说：在墙内埋上死猫，能把墙外的竹子引进来。如果要防止被引过去，那么只需在墙根上挖一道沟，沟里填满芝麻秆儿，这样就可以了。因为竹子忌讳芝麻秆儿。

"死猫引竹"在其他古书中也常出现，应该是真有效。但明明死猪死狗等也可以，古人为什么偏偏注意猫呢？我想大概是因为包括狗在内的其他家畜，最后都难逃汤锅，只有猫因为自身不好吃且主人不忍吃，所以才被埋在墙角吧。

古人这些"物理"知识，多数近乎巫术，"死猫引竹"在其中，还算科学的：

> 兰，待女子同种则香，故名待女。蔗，使庶生儿种之，则硕且甘。种莺粟，夫妇共着丽服，半夜相对种之，则多且艳。种芫荽，作秽语则茂。种山药，以足按之，则支离错出如足形。种松子，以杖击蓬，使子堕地，用锥刺地深五寸许，以帚扫入，无不长；一经人手则不生。黄杨木，以阴晦夜无一星时，伐之为枕，始不裂。欲引竹过墙，以死猫埋墙外，则竹尽向猫行。欲茄子繁，俟其花时，取叶布于道路，以灰规之，人践之则子必繁。物理真不可测。（清代周亮工《因树屋书影》）

求 子

"左藏一日：荒年雌猫求雄不得，则以斗盛猫，捣于灶前牛粪堆，扑三下则胎。"这是说，年头不好时母猫找不到公猫，人可以把猫放在麦斗之中，然后在炉灶前面的牛粪堆旁，打麦斗三下，它就会怀胎。

这句话的前面还有一句是："雌无雄则求种于牛齝。"后文还说："鸡可求种于灶，猫可求种于牛齝。"这个"牛齝"不详何指。

这两种求子方式，明显都是巫术。可是方以智却说：以前我不信，后来经过实践，发现果然如此。不管别人信不信，反正我不信。

方以智的学生揭暄还说：猫叫春时，你把它按在水中三次，这样它就会怀胎。这恐怕就是虐待狂编出来的了。

李时珍说：俗传母猫遇不到公猫，人可以用扫帚在猫背上扫几次，这样它就会怀孕。或者用麦斗把猫盖在炉灶之前，再用扫帚头儿在麦斗上打几下，对着灶神祝祷两句，这样猫也会怀孕。这些神奇的事情，是你们愚蠢的人类所不能理解的啊。（最后一句的原文：此与"以鸡子祝灶而抱雏"者相同，俱理之不可推者也。）

无语。

弃　子

　　"一产一子则弃之，一产三四皆雄皆雌，不可畜。"这是说，一次生一只小猫的要扔掉，一次生三四只同性别小猫的也要扔掉，这样的小猫都不能养。

　　方以智记录的这个弃子原则，很是让人不解。其他说法也与之矛盾。

　　如《猫苑》引王朝清《雨窗杂录》说：浙江地区以猫一产一子为贵，一产二子为贱。一产四子的叫"抬轿猫"，更是低贱到了极点。如果四子中夭折一两只，那剩下的仍然算好的，有个专名叫"返贵"。

　　又引华滋德说：猫所怀胎儿以少为贵，所以有"一龙二虎"的说法。

　　想必古代是流传着有关一胎生几只小猫主何贵贱说法，左右着当时人们对小猫的存留。大约人们如果不需要小猫，就会说一子者贵，反之则说多子者贵。"民间智慧"，不过如此。

食　子

　　"乳子时，子病乳少及为属虎者见，皆食其子。"这是说，母猫喂小猫时，小猫病了或母猫乳汁不足，或者被属虎的人见到，母猫都会把自己的小猫吃掉。

母猫食子，确实存在。母猫受到惊吓，或者不因为什么特殊的原因，就把自己生的小猫吃掉，这本是一种自然现象。这种自然现象也出现在别的动物身上，不只是猫，所谓的"虎毒不食子"其实根本就不符合事实。

这跟人的属相也没有任何关系，虎相之外任何属相的人如果经常去看刚出生的小猫，母猫都容易因之食子。《猫苑》中也有说子日生的小猫，被鼠相人见了，也会被母猫吃掉，这自然也是无稽之谈。

但人类就是爱用自己的道德、情感来衡量动物，所以生出种种怪说，如"鸟食母者曰枭，兽食父者曰獍"之类。

元代戴表元认为猫"道德败坏"，其中最大的罪过就是"生子多自残贼"，"其事蛇鼠所不为也"，所以蛇鼠可入十二生肖，但猫不配。（见《剡源文集》卷二十三《猫议》）

不过，减少对刚生下的小猫的打扰，这一点总归还是有利于母猫和小猫的。

春生者佳

"凡狗秋生者佳，猫春生者佳。"

《猫苑》引华滋德说：猫以腊月降生的为最好，初夏生的叫"早蚕猫"，也不错，秋天生的次之。正夏生的最不好，因为不耐寒，冬天一定会依恋火源，名叫"煨灶猫"。

二说不同，但大概都没什么道理。或许春天生产的母猫不叫春，所以给人留下了一点好印象吧。

蒙颂与猫

"香山隩客有小狗如猴，能捕鼠，即蒙颂也。《本草》以蒙颂为蛇非猫。"这是说，某人有一只像猴子的小"狗"，能捕鼠，这就是蒙颂。《本草》认为蒙颂是蛇，不是猫。

这条资料反映的是古人对于生物分类的探求。

蒙颂之名见于《尔雅》，又称之为蒙贵。其物当即今所谓獴，獴形如鼬，出于南方，也被驯养以捕鼠。这种动物，古人有时把它当成猫类，有时当猿猴类，有时当犬类，有时当鼠类等，总无定说。（原文"《本草》以蒙颂为蛇"疑误。）

方以智这个说法其实也不对。獴科与猫科同属于食肉目猫形亚目，而与食肉目犬形亚目犬科的关系相对较远，与灵长目的关系就更远了。

猫的食物

《物理小识·总论》："鹰雕之类食生，而鸡凫之类不专食生，虎豹之类食生，而猫犬之类食生又食谷，走眼上接下，飞眼下接上，类使然也。""走"是指走兽，"飞"是指飞禽。

"食生"就是吃肉，"食谷"就是吃素。古人认为猫可以吃肉也可以吃素，跟狗一样是杂食动物。类似的记录当然不只留在《物理小识》之中。虽然未见古人对猫的食性有直接说法，但常见侧面写到的喂猫时"拌饭"二字，就可以想象到：一直以来缺乏蛋白质供给的国人，怎么会给猫提供纯肉食！

但事实上猫跟虎豹同类，都是只能吃肉，不能消化植物营养的。

《物理小识》卷七中说："麸炭瓨内安猫食，夏月亦不臭。"麸炭（《夜航船·物理部》作"烀炭"，同）就是木炭，瓨（xiáng）是长颈的瓮坛类容器。大概是长颈阻隔了空气流通，所以食物不易腐败，而同时木炭也有一定的防腐效果。

叫猫啼儿

《物理小识》卷三："儿生堕地不啼，击木瓢，迫猫令叫，即啼。"这是说，婴儿出生后不哭的话，就敲木瓢，让猫叫几声，这样婴儿就能哭出来了。

元代程杏轩说：刚落生的婴儿不能发声的，这个叫做"梦生"。解救的办法是，先不要剪断脐带，用火烤一下胞衣，让暖气进入小儿腹内，再用热水蒸洗脐带。同时取来一只猫，用布袋裹住，抓住猫头，拿到婴儿耳边，用牙咬猫耳

朵。猫大叫一声，孩子就会醒过来哭出声了。（见《医述》卷十四）

明《济阴纲目》等书承之，但特别交代说布要用青布，而拿猫的要是一个"伶俐女人"，其他大同小异。

这个医学知识恐怕是不科学的。但古人多传之，恐怕是有一些实际应用的。

踏瓜则沙

《物理小识》卷六："冬瓜见日影则芽，触苔帚风则烂，猫踏之则沙。"这是说，冬瓜见到太阳就会发芽，接触到苔帚引起的风就会溃烂，被猫踩了就会成沙瓤。

《本草纲目》等书说西瓜"得酒气、近糯米即易烂，猫踏之即易沙"。

但无论是西瓜还是冬瓜，沙瓤还是不沙瓤，恐怕跟猫的脚步没有任何实际关系。

马鞭击猫等

宋代范镇《东斋记事》："邛竹鞭以棰马，则愈久而愈润泽坚韧；以击猫，则随节折裂矣。"这是说，邛竹制成的马鞭，用来打马的话，时间越久越是光润坚韧；用来打猫，就会一节节折裂。

陆游《老学庵笔记》亦有其说，方以智引之，大概此说可谓传布甚广。但这仍令我感到难以相信。

《物理小识》又说：貂帽被猫抓过之后，上面就会起毛球。

还说"猫犬持斋知朔望"，这句话直接翻译过来就是猫狗吃素的话能知晓月圆周期。但具体所指则不详。

上面两个说法流传稀少。

张岱《夜航船·物理部》又有如下说法，为《物理小识》所无：

鸡来贫，狗来富，猫儿来后开质库。

猫子生，值天德月德者，无不成。

鸡吃猫饭，能啄人。

猫癞以柏油擦之。

猫犬所生皆雄者，其家必有喜事。

煨灶猫，用猪肠或鱼肠，入些须雄黄在内，煨熟饲之。

洗面过耳

《酉阳杂俎》："俗言猫洗面过耳则客至。"这是说，民间传说猫洗脸过耳朵，家里就会有客人登门。

此说《尔雅翼》亦载之，在明清典籍中也不算罕见（《夜航船·物理部》即有之），然而不录于《物理小识》，或许是因为方以智不相信它吧。

有关猫儿洗脸的说法，还有"猫洗面，日有次度"（说见《猫苑》引温州方言），意思是说猫儿洗脸的行为，每天都有一定的规律，如同潮水起落。

朱彝尊《雪狮儿·咏猫》："讶搔头过耳，水痕初浣。消息郎归，休把玉鞭敲断。"即用此"洗面过耳"与"马鞭击猫"之典，写女子盼情郎归来之情。

如　虎

《埤雅》："猫亦如虎，画地卜食，今俗谓之卜鼠。"这是说，猫也像老虎，在地上画图是占卜怎样捕食，这就是现在俗传的"卜鼠"。

《尔雅翼》中还说：有捕鼠经历的猫，耳朵后面有锯齿状的缺口，就如同老虎吃过人之后耳朵上有锯齿缺口一样。

《洗冤集录》等书还说：老虎吃人，每月上旬从头开始，中旬从肚腹开始，下旬从脚开始，猫吃老鼠同理。

以上三说，《物理小识》皆不录。或许是方以智也认为这些说法太过荒诞了吧。

我很遗憾，也很惭愧，这些我们祖先留下的有关猫的"物理"知识，竟然就没有一条让人感觉眼前一亮，拿得出手。多数都是真理之中夹杂着迷信。纯粹的真理不多，纯粹的迷信倒是不少。

写着写着，我觉得自己都成反传统的喷子了。

不随鸡犬上青云——仙猫传说

传说唐末坊州宜君县（今属陕西）有一个人名叫王老，好道积德，于是有神仙扮作老道来点化于他。这一日，正值收麦时节，老道与王老一家饮酒，遂度脱王老全家。举家大醉之后，老道问："可以上天了吧？"王老说："全听师尊安排。"于是祥风忽起，绿云如蒸，霎时间，屋舍草树，以及全家老少，连同鸡犬，一起飞升而去。附近几个村庄的人，都看到了这番奇景，有人还听到空中有打麦子的声音。但王老家的猫和老鼠被抛弃了，没能随之升天。原文说："惟猫鼠弃而不去。"事见沈汾《续仙传》（五代时期成书）。

这个故事的主体，便是我们熟悉的"一人得道，鸡犬升天"。

相关内容最早见于汉代，说的是西汉的淮南王刘安，"举家升天，畜产皆仙，犬吠于天上，鸡鸣于云中"。（《论衡·道虚》）"一人得道，鸡犬升天"的故事，在汉代之后，有很多的版本。

南北朝时期的一个版本中，出现了老鼠："仙人唐昉拔宅升天，鸡犬皆去，唯鼠坠下不死，而肠出数寸，三年易之，俗呼为唐鼠。"（《异苑》）从这个版本中，我们可以很容易地读出人们对老鼠的排斥倾向。

现在我们回过头来看唐末这个版本中的"惟猫鼠弃而不去"一句，可能会感到疑惑：老鼠也就罢了，为什么猫也不得上天呢？

其实纵观整个中国养猫文化史，我们就会知道，唐代人对猫的感觉，其实还不怎么好。这个问题我们已经反复论证过了。

然而我们也知道，唐末是个转折期：中国人对猫走向狂热的开端，正在唐末。

五代道教徒杜光庭在《天坛王屋山圣迹记》一文中记载："前下紫微溪，至阳台观八里，中有仙猫洞、不老泉。观东有燕真人洗耳井仍存，在阳台观东北百余步，俗呼燕家泉。"

这里的"仙猫洞"，还只有名字，没有故事。但在约南宋时期成书的《山川纪异》中，有这样的记载："河南永宁天坛山中岩有仙猫洞。世传燕真人丹成，鸡犬俱升仙，猫独不去。人尝见之，就洞呼'仙哥'，则闻有应者。"

燕真人又号烟萝子，名不甚显，相传是后晋天福年间得道的神仙，与杜光庭时代相近，《道藏》之《修真十书·杂著捷径》中收有其《体壳歌》等著作。世传"洗耳井"，以及"仙猫洞"，皆其遗迹。

想当时燕真人可能是不喜欢猫，所以不带猫上天。但猫毕竟比老鼠可爱，所以留下"仙猫"之名，而老鼠仍被厌弃。

及至宋金时期，情况就不一样了。

在金人元好问的《续夷坚志》等书中，也说了与《山川纪异》同样的话。并且还说，王屋县令临漳人薛鼎臣，就曾经到仙猫洞去喊过"仙哥"，洞中真的有回应之声。

乙丑年（1205），十六岁的元好问在去往并州的路上，遇到一个猎人告诉他说："今天早上我见到两只大雁，成功猎杀了其中一只，但另一只悲鸣不去，最后竟然控地而死。"元好问为其感动，于是买下了两只大雁，把它们埋葬在汾河岸，垒石作墓，命名为"雁丘"。同行之人多为之赋诗，当时元好问也写了一篇题为"雁丘词"的《摸鱼儿》，多年以后又改订之。词中有千古名句："问世间，情是何物，直教生死相许？"可见其为情种。

己亥年（1239）夏四月，五十岁的元好问从阳台宫出发，经过仙猫洞，令其子元叔仪在洞口喊"仙哥"。只听喊声未尽，应声便起，其声颇为清远。（其实为回声，今尽人皆知，不论。）元好问因此诗兴大发，其诗曰：

> 仙猫声在洞中闻，凭仗儿童一问君。
> 同向燕家舐丹灶，不随鸡犬上青云。

可以看到，元好问对未尝上天的仙猫，没有一丝的厌弃，反而隐约有着一种爱慕与同情。

文学史上被誉为"俯仰身世，悲痛最深，实足千载不朽"（《瓯北诗话》）的名句"我本淮王旧鸡犬，不随仙去落人间"（吴梅村《过淮阴有感》），大概就是青出于蓝。

元好问作此诗时，金国已亡，国土落入蒙古人之手，正类似于吴梅村面对明清易代。所以有人说两人"心事相同"，也有一定的道理。大概这两首诗，都表达了一种未尝以身殉国的遗憾。

回到我们关心的视角来看，宋元之后人们对猫的态度有了极大的改观。元好问笔下的仙猫，完全就是他自己的化身，甚至可以说是他的偶像。

清中期偏晚的陶炳文有一首《猫诗》，写仙猫的感情基础与此相似：

> 天生风采虎纹斑，洞里丹曾炼九还。
> 莫讶不随鸡犬去，要留仙骨住人间。

又有他者如：

> 频唤仙哥殊不应，主人早悸夜翻盆。（黄琛《忆猫》）
> 竺国元依佛，天坛已唤仙。（姚之骃《咏猫五言排律》）
> 仙姑暗指。问玉洞、仙哥有几？（吴焯《雪狮儿·咏猫》）

游仙梦断。傍药鼎、空增幽怨。谁解到、斋厨定后，三生如幻。（吴锡麟《雪狮儿·咏猫词》）

殷勤问取。念洞口仙哥，几时仙去？（端木埰《齐天乐五十首·其四十九》）

又据《猫苑》记载，当时嘉兴人蒋田有一块黄蜡石，外形酷似猫儿，蕉岭人黄钊为之取名曰"洞仙哥"。古有《洞仙歌》，大概本是歌咏岛洞神仙逍遥生活的宗教歌曲，后被广泛用为词牌。仙猫居于洞中，人称"仙哥"。黄蜡石本出于山中，形又似猫。今化《洞仙歌》旧名，以"洞仙哥"命名黄蜡猫，确有巧思在其中，所以时人称赞此名文雅而贴切。

至于《猫苑》说猫被称为"仙哥"，是因为猫有"清修"，这就让人感觉有点言过其实了。

顺便一提，至今在我的家乡河北省南皮县，还流传着一个传说：因为当年玉皇成道，鸡犬升天，彼时唯独猫儿出去串门，所以留在人间。爱串门的人，遂被讽刺是"吃了猫肉不能成仙"或"属猫的"。

关于"仙猫"的话题，倒是有另外一个传说，可以在此一述。

故事说的是"猫睛"的起源。"猫睛"一作"猫精"，即"猫儿眼"，就是我们熟知的那种像猫儿眼睛的宝石。此物中国不产，古代国人所见大概都是来自今斯里兰卡。

宋《诸蕃志》已经记载说："（猫睛）出南毗国。国有江日淡水江，诸流迤汇。深山碎石，为暴雨溯流，悉萃于此。官以小舸漉取，其圆莹者即猫儿睛也。或曰有星照其地，秀气钟结而成。"可见早期记载中还是比较质实的，并无多少神异色彩。

但元明之际的小说《琅嬛记》却说，南方的白胡山上盛产猫睛。在很久很久以前，白胡山上住着遍体皆白的白胡人（实际好像是当时远洋贸易中自南海而来的白人），白胡人并无其他生业，只养着一只猫。

养一只猫，也不能带来收入。真不知这个白胡人是怎么活过来的。反正原文就是这么个意思，我们就姑且如此译述。

话说这白胡人的猫后来死了，白胡人就把它埋在了山中。后来有一天，白胡人忽然做了一个奇怪的梦，梦见猫对他说："主人主人，我又活了。不信可以把我从土里再挖出来看看。"白胡人就真的到先前埋猫的地方挖了一下，结果活猫没有挖出来，但挖出两只猫的眼珠。

只见这两只猫睛，坚硬光滑，如珠似玉，中间有一道白，任人横搭转侧，也是分明活现。用这对猫睛去验证十二时辰，也跟活猫眼睛一样精准无误。（用活猫的眼睛定时其实也不准，但古人都相信它准。）

白胡人对此感到非常奇怪。然而更神奇的事情还在后面。

这天，猫儿又出现在白胡人的梦里，对他说："我这两颗眼睛能够繁衍。你把它埋在山北，它就能变出无穷多个来。其中有一颗泛着红光的，你把它吞下，就可以成仙了。"

白胡人果然如法得到这颗红光猫睛。之后邀集亲朋饮酒宴别，遂吞下宝物。登时，便有一只如狮子般的猫儿，自天而降，驮着白胡人就上了天界。

因此，猫睛还得了一个别称叫"狮负"。传说仙女曾进献给唐玄宗两枚狮负，说的就是猫睛。玄宗还把这两枚狮负藏在牡丹纹装饰的钿盒中，用来定时。

这个故事编得并不是特别的高明。很多逻辑漏洞或不合史实（如"狮负"之说别无所见）之处，我们这里不一一拆解。

总归故事中猫儿实已成仙，并且引导主人登上仙界，与前面说的猫儿不得上天的故事，大不相同。从中我们明显能够读到，元明时人们对猫儿的喜爱，较之宋金，更甚一层。

〔清〕闵贞《肥猫图》

中国本土猫妖传说（上篇）

大家都知道，狐妖传说在中国甚是发达。古人"狐狸"连言，犹如"虎豹"连言，自然是视狐和狸（野猫）为一类。但似乎很少有人能够想起中国古代有几个猫妖传说。

单举一部《聊斋志异》而言，其中狐妖无数，而猫妖却很少出现。反而其中的妖怪偶尔养个猫（见《狐梦》），偶然像回猫（见《小翠》）。正面提到的猫，也只是比一般的猫厉害一些，并不幻化为人形与拥有法力，更不作怪（见《大鼠》）。

总之，相对于狐妖而言，中国古代猫妖显得好落寞。

魏晋南北朝时期，家猫开始进入中国，同时志怪小说盛行。当时其实留下了不算太少的"狸妖"传说。而"狸"正是"猫"的异名。诸多故事之中作怪的，原文都写是"老狸"，即老而不死的狸猫：

> 狐狸豺狼，皆寿八百岁。满五百岁，则善变为人形。（《抱朴子·对俗篇》）
>
> 千岁之狐，豫知将来；千岁之狸，变为好女；千岁之猿，变为老人。（《抱朴子》佚文引"老君《玉策记》"）

《抱朴子·登涉篇》讲登山涉水时，如何应对各路妖魅。其中讲到在寅日（古人以干支纪日）走在山中，如果遇上自称"虞吏"的妖怪，那它的原形是老虎；自称"当路君"的，是狼妖；自称"令长"的，就是"老狸"成精。

类似的话还见于黄罗子经《玄中记》："自称天地父母神者，必是猫狸野兽。"（释宝林《檄太山文竺道爽》引，见《弘明集》十四）

动物（或其他生物、非生物）老而不死，"吸收日月精华"，进而兴妖作怪，这种信仰（或说"迷信"）在魏晋之际大行于天下。老狸成妖，即其中之一。在一定程度上，这些传说都是假的，世上其实没有什么妖怪。但志怪之中，不免有一些文学趣味，有些内容或许还有助于考订历史。今将相关内容译述如下：

刘伯夷

传说，西平人刘伯夷，官至汝南北部督邮，原文写他"有大才略"。

一日晚间经过一地，名叫"惧武亭"，准备夜宿于此。有人告诉他说："这个地方不能留宿。"可刘伯夷偏不信邪，于是只身入住，照常吃饭读书，然后入睡。躺下后不久，刘伯夷把头转向东面，把脚部伪装为头部，暗中拔出宝剑，单等妖魅前来。

半夜之中，果见"异物"悄悄靠近，猛一下扑到刘伯夷身上。刘伯夷早有准备，勃然起身，就用衣袖捂住了这个东西，然后用衣带把它绑住。最后拿火一照，发现是一只"老狸"，色赤而无毛。于是刘伯夷用火把它烧死了。

第二天，人们在惧武亭的楼屋之中，发现了狸魅所杀之人的头发打成的结，有几百枚之多。从此之后，惧武亭便清净无事了。

原文写当时有个传说："狸髡千人，得为神也。"能剃掉上千人头发的狸猫，就能变成"神"。但狸猫靠杀人而成为的"神"，明显就是"妖"。

这个故事在东汉末年就已经出现，见于《风俗通》。其后三国时期魏文帝曹丕的《列异记》等文献中也有记述，上文即译述自《列异记》。

故事主人公以一己之正气与机智，降服妖魔，保一方平安，读来使人精神为之一振。

至于故事中的"狸"，早出的《风俗通》《列异记》同，但晚出的他书或说是"犬"，或说是"狐"，总无定辞。大概传说多异文，不足为奇。

倪彦思

传说三国孙吴时期，嘉兴人倪彦思住在县城的西埏里。忽一日，有只"鬼魅"闯入了倪家，其形虽不可见，但可以听到它与人说话，又可以知道它如人一般饮食。倪家有个下人在暗中咒骂主人，这妖怪便嚷嚷着举报。倪彦思于是对下人进行了约束。倪彦思有一个小妾，也被这个妖怪占了便宜。

于是倪彦思请"道士"来驱逐妖怪。祭祀用的酒菜刚摆上，就被妖怪（原文这里称之为"魅"）用厕所中的草粪给污染了。"道士"很生气，于是猛力敲鼓，请来了各路神仙。妖怪便取来尿壶，当成号角在神座上吹了起来。不一会儿，"道士"觉得后背发凉，解开衣服一看，原来是妖怪把尿壶放在了他的衣服里。于是道士只能狼狈离去。

晚上倪彦思跟妻子在被窝里小声嘀咕妖怪带来的麻烦，没承想忽然听到妖怪在房梁上说："你跟妇人背后说我，我现在就锯断你家屋梁。"随即屋梁上就传来隆隆的锯声。倪彦思怕妖怪真把屋梁锯断，立马取来火把照看。可是火把一举上去就被妖怪吹灭了，紧接着锯木声更急更大了。倪彦思急了，把家中大小众人都动员了出来，众人重新用火把一照，发现屋梁如旧，并没有被锯坏。这时只听妖怪大笑几声，说："这回你还敢说我吗？"

郡里面的一个典农（官职名）听说倪家的事后，说："这个'神'应该是'狸物'。""神"是对妖怪的讳言，"物"即"异物"，"神""物"实皆指妖怪。典农的意思就是说：这个妖怪应该是狸猫成精。妖怪看被揭穿了，却不慌不忙来到典农家，对典农说："你贪污了好几百斛的粮食，藏在了某处。你身为国家官吏，却私吞百姓财物，现在还有脸对我说三道四？我这就去长官那里检举你，带人来没收你贪污的粮食。"典农听后，大为惊怖，赶紧向妖怪求饶。从此之后，再也没有人敢谈论这个妖怪。

直到三年之后，妖怪自己走了，也没有人知道它去了哪儿。

事见干宝《搜神记》。

董仲舒

传说西汉年间，大儒董仲舒授徒讲经之时，有一个奇怪的客人前来拜访。董仲舒看出了这人非同寻常。偶然客人说了句"快下雨了"，董仲舒便半开玩笑般跟他说："在巢中安家的飞鸟对风力十分敏感，而洞穴中栖身的走兽对雨晴有特殊的感知能力。如此说来，阁下如果不是野狐野猫，便是鼹鼠。"来客一看被说破，于是现出原形。董仲舒一看，果然是一只"老狸"。

事见干宝《搜神记》。

后刘义庆《幽明录》亦用此事，情节全同，不过加了一些细节，如说来客"风姿音气，殊为不凡，与论五经，究其微奥"等。

后世所谓"狐屈指而作簿书，狸群叫而讲经传"（《金楼子·志怪》），又"狐为美女，狸作书生"（〔隋〕释彦琮《通极论》），即本于此。唐末时新罗（地在今韩国）崔致远《古意》之诗曰：

> 狐能化美女，狸亦作书生。
> 谁知异物类，幻惑同人形。
> 变化尚非艰，操心良独难。
> 欲辨真与伪，愿磨心镜看。

以今人思路而论，这里的狸猫未尝害人，所以仍不失风雅。但古人对"异类"比较排斥，所以类似的故事中，这些猫妖常不免反为人所害。

《搜神记》等书中还有一个极其相似的故事，讲的是"斑狐"变作书生造访张华，但最后惨遭张华的烹杀。字多不引。其中"斑狐"或作"斑狸"（如《续齐谐记》《太平广记》等），我怀疑"斑狸"才是正字，或者"斑狐"就是"狸"。因为狸有斑，但狐无斑，"斑狐"别无所见。斑狐会张华，就是狸会董仲舒，一事别传。

吴兴父子

传说晋代吴兴县（今福建浦城）有一个老人，他有两个儿子。两个儿子在地里劳作时，经常遇上自己的父亲无端来打骂驱赶他俩。小孩子把这件事告诉了母亲，母亲去问父亲。父亲大为惊诧，猜到这是"鬼魅"作怪，于是告诉孩子把它杀了。这天来到地里，两个小孩怀揣利刃，一边干活儿，一边等着妖怪。等来等去，终于等到一个父亲模样的"人"。还没等说话，两人上去一人一刀，就把来者结果了性命。随后二人又将尸体埋了起来。等到晚间儿子归家，发现家里正在摆酒席，庆祝妖怪被杀。从此之后数年无事。

后来有一个法师经过，告诉二子："令尊身上有很大的邪气。"二子把这事又告诉了父亲，父亲闻言大怒。二子便走出门来见法师，让法师赶紧走人。没承想法师竟然一边口念咒语，一边闯入其家。这时，家中老父忽然变作"老狸"，遁入床下。众人一看，恍然大悟，赶紧把它杀了。也是在这时，人们才知道，数年前被杀的真是二子之父。这才将之前的尸体挖出，置办丧礼。一子愧疚难当，即时自杀谢罪。一子也是恼怒懊悔，服丧之后不久也病死了。

事见干宝《搜神记》。

黄审

传说，句容县麋村有个农民，名叫黄审。有一天黄审在地里耕作，忽然见到有个妇人经过黄家的农田，自东复西，自西复东，在田边来回踱步。黄审一开始也没把这当回事。没想到此后日日如此，黄审便起了疑心。黄审问妇人："娘子从何而来啊？"妇人不答，但笑而已，随后离去。这段问而不答使黄审更感奇怪了。

于是他准备了长镰刀，等到妇人再来时，本来想给她一镰刀，但又怕杀错好人。这时，黄审见妇人身后有个丫鬟，于是把镰刀剁向丫鬟。一镰刀下去，只见妇人变作一只"狸"，噌噌跑远了。再看那丫鬟，已经变成了狸猫尾巴。黄审本想追上去，但哪里追得上。

后来人们见到这只狸猫出现在一个土坑里，挖出来一看，才看清它确实没有了尾巴。

事见干宝《搜神记》。

故事中，狸猫未尝作恶，但形迹可疑，因而得祸。

刘伯祖

传说，博陵（今河北蠡县）人刘伯祖在做河东太守的时候，住所的天花板上有"神"（如前文所言，其实这个"神"

就是妖怪）。此神经常与刘伯祖聊天，京城里若有什么消息，刘伯祖就能得知。

刘伯祖问此神喜欢吃什么，神说喜欢羊肝。于是刘伯祖买来羊肝，拿到家里让下人切成小块。随着人切，成为小块的羊肝随即消失。如此这般切完第二个羊肝时，刘伯祖忽然看见一只"老狸"，影影绰绰出现在案板前面。持刀的下人也看到了，于是举起刀来想把老狸砍死。刘伯祖呵斥住了下人，然后亲自把老狸放到了天花板上。不一会儿，只听老狸大笑道："刚才羊肝吃得我醉倒了，所以现出原形被您看到。惭愧啊惭愧。"

为什么老狸吃羊肝会像吃薄荷一样醉倒，这一点原文没有解释，想必当时是有这么一个传说。

刘伯祖由一郡之太守，升职为监管七郡之司隶，此事老狸也提前告诉他了："某年月日，升职诏书就会下来。"后来果如其言。

刘伯祖进入司隶府后，老狸又跟着来到了司隶府的天花板上。此后时常与刘伯祖言及皇宫之内的秘事。刘伯祖因此十分害怕，对老狸说："我现在有检举的职责。我跟你交往的事，如果被天子身边的人听说了，恐怕我自己反而会被检举。"老狸说："您担心的对啊。咱俩缘分已尽。后会无期。"于是老狸从此之后再也没有出现过了。

事见干宝《搜神记》。

汤　应

传说，三国孙吴时期，庐陵郡（治所在今江西吉安市东北）驿馆的楼上，经常有"鬼魅"出没，夜间留宿的人必死无疑。闹得人心惶惶，没有敢进楼住宿的。

当时有个丹阳人叫汤应的，胆大英武。这一天他奉命出使庐陵，来到常出事的楼上，准备留宿。管理员告诉他说："这楼不能住，上面有妖怪。"汤应表示："咱不怕。"说是不怕，但考虑到手下人的安危，汤应还是把他们打发到别处去住了。然后只身提刀，独宿楼上。

夜至三更，忽然有人敲门。汤应并不起身，远远地问："谁？"来者答言："我是'部郡'，听说你住在这儿，来看望的。"（部郡即部郡从事，职官名。）汤应让来者进来，客套两句之后，他就走了。

不一会儿，又有人来敲门，自称"府君"。（府君就是太守。）汤应仍放来人进楼，客套之后送别。这位府君身着黑衣，汤应也没在意。

两人先后造访，汤应都没当回事，以为都是人类，所以并无疑心。但不一会儿又有人敲门，说："部郡和府君一起来看望你了。"汤应心想："三更半夜的，也不是见面的时候。部郡和府君，也走不到一块儿。恐怕来者非妖即怪，前者单来不方便下手，这回攒鸡毛凑掸子，结伴来杀我了。"于是汤应暗中带好利刃，开门放来者进楼。

这一回，来者二人都穿着华丽的衣服。进楼坐定之后，"府君"与汤应闲聊，而"部郡"却悄无声息地转到汤应身后。没等事态恶化，汤应一个猛回头，照定"部郡"就是一刀。只见一道红光，"部郡"应声栽倒。"府君"一看不好，暗算失败，立马撤座出逃，完全没有战斗的勇气。汤应哪里肯饶，大喝一声："纳命来！"噌噌两下追至后墙，手起刀落又是几下。完事之后，汤应不慌不忙，上床睡了。

第二天天亮，人们根据血迹把尸体找到，发现死在墙角那自称"府君"的是一只"老狶"（狶就是猪），死在楼内那自称"部郡"的是一只"老狸"。

从此之后，庐陵郡的官楼上的"鬼魅"就再也没出现过。

事见干宝《搜神记》。

这个故事跟前者《列异记》"刘伯夷"事很像，但情节更加曲折惊险，文学性更胜一筹。

神仙传

葛洪《神仙传》的出现，稍晚于干宝《搜神记》。《神仙传》中也有几处与猫妖有关的内容。

豫章郡（治所今江西南昌市）有座庙，庙中有"神"可共人语。道士栾巴看出其中端倪，准备细加访查。这时"庙神"

竟逃往齐地，太守还把女儿嫁给了它，生下一子。栾巴于是来到齐地，用一道灵符，使它现出原形，化而为"狸"。（《神仙传·栾巴》）《太平御览·兽部》转引此文，情节却较今本《神仙传》曲折得多。如说狸妖所化书生"既有容美丽，又有才辨学识"，如董仲舒、张华所遇。又说栾巴请见此书生，书生称病不出，栾巴便托太守送了一道灵符过去，"女婿得符，流涕与妇辞诀而出"。随后书生出来见到栾巴，当即身体变为"狸"，但脸部还是人的样子。栾巴厉声叱道："死狸敢尔！何不正汝真形？"然后书生才完全变成了狸。栾巴用法术将狸头斩下之后，狸妖与太守女儿所生儿子也已变回狸崽，栾巴也把狸崽杀了。

费长房曾与人同行，遇一书生，戴黄色头巾，披着皮衣，骑着一匹没有马鞍的马。书生见到费长房之后，立刻下马磕头。费长房说："你把马还回去吧，恕你无罪。"有人来问怎么回事，费长房说："这是狸精，偷了土地神的马。"（《神仙传·壶公》，事又见于《后汉书》）

两个故事片段。前者有点"法海不懂爱"的意思，后者则类似于前面讲的"狸作书生"。

三妖闹丧

传说，东晋废帝司马奕在位之时，有一人因家贫而不能按照当时的礼俗为母亲举行丧礼，于是把灵柩请到深山之中，自己在旁边守孝，昼夜不休。原来当时的丧礼比较繁琐隆重，此子不愿将母亲草草埋葬，但又拿不出钱风光厚葬，于是出此下策，以自苦求自安。

且说这一日傍晚，忽然有一个妇人抱着孩子来寄宿。天黑时，孝子还要守灵，妇人却说要睡觉，于是在火堆旁睡着了。这时，孝子定睛一看，发现那原来是一只"狸"，抱着一只"乌鸡"，根本不是妇人抱子。孝子因而将二妖打死，然后挖坑将尸体埋了起来。

第二天，又有一个男子来问："昨天我家中细小来此寄宿，现在人呢？"孝子说："只有一只狸精，现在已经被我杀了。"男子说："你枉杀我妻，还要污蔑她是狸精吗？狸精何在，你给我找出来？"孝子因而将男子引到埋尸之处，挖开一看，狸精又变成了妇人，死在了坑中。

于是男子不依不饶，把孝子绑起来送至官府，要他抵命。孝子不慌不忙，对官员说："这其实也是妖怪。只需把猎狗放出来，就能让它转变原形。"官员对男子说："你能分辨犬种吗？"男子颤颤巍巍地回答说："小人天生怕狗，也不能分辨犬种。"官员忽然命人放狗。这时，那男子忽然化为老狸。于是众人合力将之射杀。再看之前的妇人，也变回了狸形。

事出刘义庆《幽明录》。

这个故事里，出现了以狗降妖的情节。魏晋南北朝时，以狗降妖其实是很常见的，如李寄斩蛇故事中，李寄在斩蛇之前带的就只有"好剑及咋蛇犬"。

当时人们的认知中，是"猫常为妖，狗多杀怪"的一个状态。

相关情节在《幽明录》中也不只出现一次，比如下面这三个故事：

淳于矜

传说，在东晋太元年间，瓦官寺塔前住着一个人叫淳于矜，长得是风华正茂，肤白貌美，标准的大帅哥。

这一天淳于矜送客到了石头城南，恰逢一美貌女子。两情相悦，遂结连理。日久天长，女子还生下两个孩子。

后来淳于矜因做官赴任，带着妻儿，乘坐马车。路上忽然遇上一伙人出门打猎，身边带着几十条猎犬。只见猎犬径直闯到淳于矜的车上，咬住了他的妻子和俩孩子。须臾之间，淳于矜即眼见妻儿化为三只"狸"，这才知道妻子原来是狸妖。再看妻子的嫁妆，也全都是野草枯骨等物。

《幽明录》这一段，讲的是人与狸妖相恋的故事。原文稍繁，今译文只出其大概。

这种故事古人写，结局不免是人妖殊途，感慨枕边人竟是异物身。今人写则会大力鼓吹爱情，同情妖怪。多半如此。

费　　升

传说，吴县（今苏州）有个亭长叫费升，一天傍晚见一女子穿一身孝服从外城出来，走到墓地对着一个新坟哭了一场。哭罢，已然天黑，城门关闭，无法进城。于是女子来到楼上，找费升借宿。费升给女子备下酒菜，夜里费升弹琵琶让女子唱歌助兴。

女子说："身戴重孝却开口唱歌，还望您不要笑话。"嘴上虽然这么说，但女子的歌声一发出，费升就感到娇媚入骨。只听女子唱道：

精气感冥昧，所降若有缘。嗟我遘良契，寄忻霄梦间。

成公从仪起，兰香降张硕。苟云冥分结，缠绵在今夕。

伫我风云会，正矣今夕游。神交虽未久，中心已绸缪。

这三支歌唱的内容，分明是以"仙女"的身份勾引费升。其中"成公从仪起，兰香降张硕"，用的是仙女成公智琼主动下嫁凡人弦超，与仙女杜兰香主动下嫁凡人张硕的典故。

此女以仙女自诩，实为妖女。

按理说，故事下文应该是写男主角严词拒绝此女，或两人成就奸情。但原文下面写的却是"寝处向明"四字，直译出来应该是"休息到天亮"。俩人到底怎样度过这一夜的？竟然没有说。

天亮后费升离去时，回过头对女子说："我要到御亭去。""御亭"究竟何指，我们其实也不清楚。但女子一听到"御亭"二字，竟然惊恐万分。然后猎人就带着狗过来了，狗闯进屋子，把女子咬死在床上，随后女子即化为"大狸"。

我怀疑《幽明录》原文有脱漏，所以这个故事的情节读起来感觉不是很清晰。

戴　眇

传说，吴兴人戴眇的家奴王某有一个妻子，长得十分妖艳，戴眇的弟弟戴恒经常与之私会。王某十分恼怒，但作为家奴又不敢对主人的弟弟如何。

这天王某把事情的原委一五一十都告诉了主人，并说："令弟如此作为，实在是无礼之甚。您说我该怎么办吧？"

戴眇就把这件事跟弟弟戴恒说了。没想到戴恒听后也是十分恼怒，大骂不可能，说自己不会做出此事，一定是有"妖鬼"作乱，还让戴眇转达给家奴，再发现此事一律扑杀。

　　家奴听到戴恒说如此，一开始还不敢动手。一次终于忍无可忍，闭门把奸夫关在屋内。没想到奸夫忽而变作"大狸"，跳窗户逃跑了。此后大概便相安无事了。

　　《幽明录》中这故事的特殊之处，是这里的狸妖所化是一男子，然后与世俗女子有染，与早先狸妖化女子与男子欢好的故事模式不同。

　　《幽明录》"陈良""蔡兴"两条也涉及"狸"妖。

　　"陈良"条说，刘舒家的桑树里有一只"狸"，经常出来兴妖作怪，后来伐树杀狸，其怪遂绝。

　　"蔡兴"条说，有一只"鼍"（鳄鱼）精，伙同"狸"精等，闯入民宅似乎要强抢民女，最后被人砍杀。

乐　广

　　西晋时南阳郡淯阳县（治所在今河南南阳市南）人乐广，字彦辅，于惠帝朝为河南尹，官声甚高。传说之前河南尹的府邸之中多有妖怪作乱，前任各届府尹都是将就着在别处办公，不敢进正厅。只有乐广来到之后无所畏惧。

　　乐广办公时，青天白日之下外面的门会无故自开自合，把乐广的两个儿子吓得不轻，但乐广却一点也不在乎。这天乐广在墙上发现一个洞，于是命人挖墙，最终在墙里抓到一只"狸"给杀了。从此之后就再也没有怪事出现了，府衙之中自此清净。

事见刘敬叔《异苑》。故事中的乐广，史有其人，传见《晋书·列传第十三》，且此事亦为《晋书》所采录。

古人所谓"小说"，也常常以真事为根据，并非完全向壁虚造。本文涉及的人物，大多有名有姓，但能像乐广一样在正史中留下名字的却不多。

孙　乞

传说，东晋义熙年间，乌伤（今义乌）人孙乞，为父送信至会稽郡。这天来到石亭这个地方，赶上下雨又天黑，实在是走不了了。忽然，孙乞看到一个女子，举着一把翠绿的雨伞，年方十六七，姿容丰艳，通身紫衣。这时只见一道电闪，轰隆一声巨雷，就在这电闪雷鸣之际，孙乞看清了：原来这女子是一只"大狸"。也是艺高人胆大，孙乞不由分说，抽刀上去一顿砍杀，将妖怪治死。再看之前那把雨伞，已经变回荷叶。

事见刘敬叔《异苑》。

是妖怪就该死，变成美女咱也不心软。——古人就是这么想的。

吕　思

传说，在国步山上有一座庙，庙旁有一座驿馆。有一个人叫吕思，同自己的年轻妻子来此投宿。可是眨眼之间，吕思发现自己妻子丢了。四处寻找时，吕思来到一座大城市，城中有官厅，厅中有一个人戴着纱帽凭几而坐。那人见到吕思，马上命令手下来杀。

吕思也是武艺高强，一一将百十来号来者全部反杀了。剩下的一看不好，也不敢再杀，纷纷落荒而逃。这时吕思定睛一看，原来死者已经全部变成了"狸"。原来，这"大城市"是妖怪的老巢所变，之前的官厅乃是一座古坟。

坟上有洞，洞中有光，照亮一群女子。在众女子之中，吕思也发现了自己的妻子，但妻子已如痴呆，吕思赶紧将她抱出坟墓。然后吕思又进入坟墓，把其他几十个女子一一抱出。只见那些女子，有的已经通体生毛；甚至有的已经长成了狸面狸肢。

天亮之后，吕思带着妻子回到驿馆，将经历对亭长诉说。原来最近丢失妇女的有几十户之多。亭长把丢失妇女的人家，带到吕思发现的坟墓，把女子一一领回家。此后一二年，国步山上的庙宇渐渐失灵，很少有人前来进香了。

事见东阳无疑《齐谐记》。

相对而言，《齐谐记》中这个故事情节更加丰富了，是关涉几十户的大案，又关涉一座庙宇的兴衰，其中狸妖至少百十余，最后竟然凭吕思一己之力而降服，读来着实令人振奋。

与前面"刘伯夷""汤应""费升""孙乞"的故事相通的是，此事也与"亭"（驿馆）有关。亭是古代设在道旁供行人停留食宿的处所，通常建有简单的楼阁。古人对这种相对陌生的所在，通常有种畏惧心理，所以生出各种妖怪传说。

董　逸

传说，陈留（治所在今安徽临泉县东南）人董逸年轻时，邻居家有个女孩叫梁莹，年轻貌美。董逸爱之深切，经常给她送礼物，盼望着能因之定情。可惜梁莹光收礼物，不给董逸回应。

后来邻居郑充在董逸家住宿的一天晚上，天交二鼓时，听到外面有击掌的声音。郑充躺在屋里通过门缝看到来者竟然是梁莹，于是告诉董逸说："梁莹来了！"

董逸惊喜万分，赶紧跃起出门，把梁莹搀到屋中，以为辛苦追求之后终于有了回报，于是成就好事。之后梁莹想走，董逸不肯，一直到天亮。董逸对梁莹说："我给你做蒸豚吃吧，吃饱了你再走。"说完，董逸起身，把门关紧，又拉了拉窗帘。

没想到，这时梁莹忽然变成了一只"狸"，顺着房梁找到个洞，径直跑走了。

事见任昉《述异记》。

〔清〕四川绵竹《麻雀娶亲》

中国本土猫妖传说（中篇）

猫　　鬼

　　隋文帝时期出现的"猫鬼"迷信影响非常之大，但"猫鬼"究竟为何物，却很难说清。

　　据《北史》《隋书》等正史记载，隋文帝之皇后独孤伽罗，有一个异母弟名独孤陀。独孤陀好左道旁门，史书中其传记的大多内容，竟然都跟猫鬼有关。据说是独孤陀的妻子和母亲先供奉猫鬼的，而后独孤陀才得其邪术。

　　本来隋文帝听说过此事，但没有留意。后来独孤皇后和越国公杨素（隋文帝杨坚的弟弟）的妻子郑氏，都染上了病，御医诊断为"猫鬼疾"。文帝因为独孤陀是独孤皇后的异母弟，独孤陀的妻子又是杨素的异母妹，亲戚套着亲戚，所以不方便公开调查，只是暗中让人提醒他。然后还自己亲自屏退左右，提醒独孤陀注意检点。但是这些"仁德"，并没有打动独孤陀。于是隋文帝将独孤陀贬职，以示惩戒。但这反而激发了独孤陀的怨恨之心。隋文帝这才让各路官员来调查"猫鬼"之案。

原来，独孤陀有一个婢女，叫徐阿尼，是从独孤陀的母亲娘家被带来的，先前就经常供奉猫鬼。徐阿尼常常在子日的夜里，对猫鬼进行祭祀活动。因为子对应鼠，猫捕鼠。猫鬼每次杀人之后，被害者家中的财物，就会悄无声息地被转移到养猫鬼的人家。

独孤陀一次在家中找酒喝，他的妻子却说"没钱买酒"。然后独孤陀就命令徐阿尼说："让猫鬼到越国公杨素家里，把他家的钱转移到我家来。"于是徐阿尼通过念咒，几天之后猫鬼就到了杨素家里。

隋文帝开皇十一年（591），文帝刚从并州回长安时，独孤陀在家后园中对徐阿尼说："你让猫鬼到皇后的宫里去，使皇后多多赏赐我钱财。"徐阿尼又一次念动咒语，猫鬼便来到皇宫。

审讯官员了解这些之后，就让徐阿尼把猫鬼召唤来给大家看看。于是这天深夜，徐阿尼一边用汤匙敲打一盆香粥，一边念道："猫女可来，无住宫中。"（原文如此。"猫女"一般理解为"母猫"，但我认为应该是"猫汝"，"汝"是第二人称代词。）过了一段时间，徐阿尼变得面色铁青，好像被人拉拽，这时她告诉人们猫鬼已经来了。

后来的事就是隋文帝欲杀独孤陀，又免死罢官等事，兹不详述。

史书中还说，独孤陀之案之前，就有人上告，说自己的母亲被猫鬼所杀，文帝还以为妖妄不实。现在独孤陀案发，文帝想起之前的案件，又把被告行猫鬼的人家处罚了。

文帝开皇十八年（598）曾下诏："诏畜猫鬼、蛊毒、厌魅、野道之家，投于四裔。"对猫鬼之事进行了严厉禁止。

以上是最为人所知的"猫鬼"事件的始末。正史中言之凿凿，但恐怕其中实多权谋狡诈之事，未可尽信。

一般人不知道的是，"猫鬼"迷信其实很可能是受佛教文化影响而产生的。

简单说，猫在唐以前的佛教译经中，经常是作为一种"丑恶之兽"出现的，佛经中说有一种小儿鬼"曼多难提"，即"形如猫儿"。早期译经如东晋《七佛所说神咒经》，北凉《治禅病秘要法》，与南朝梁《陀罗尼杂集》等书中，就已经有了"猫鬼"一说，实早于隋。北凉译经《治禅病秘要法经》中又有"猫子声鬼"。隋《摩诃止观》说子时出现的妖怪是猫、鼠、伏翼。唐代《阿咤薄俱元帅大将上佛陀罗尼经修行仪轨》中，也说到"猫鬼"。以上大量佛教文献显示，很可能是家猫随佛教传入中国时，对家猫的恐惧心理也相随而来。

同时，佛教文献中也记述了如何对付猫鬼。梁译本《陀罗尼杂集》中即有相关咒术，"三遍咒水噀之吉"。唐代阿地瞿多译本《陀罗尼集经》中有"跋折啰吒诃娑大咒"，言："咒黑羊毛，令净童女搓此羊毛，以为咒索。咒结索已，系其顶上，一切狂病，应时除愈。又治一切压蛊、野道、猫鬼等病。"

又有"大青面金刚咒法大咒"，言："若患猫鬼、野道病者，诵咒千遍，猫鬼即现，一切人见。"唐代伽梵达摩译《千手千眼观世音菩萨广大圆满无碍大悲心陀罗尼经》中有治"猫儿所著"（猫鬼病）法：取死猫儿头骨（原文中叫"弭哩吒那"）烧为灰烬，然后和入净土中作泥，捻成猫儿形状，在千眼观音像前，用镔铁刀子把泥猫割成一百零八段，割一刀念一遍咒语同时叫一遍"弭哩吒那"，这样就可以永远痊愈。唐代善无畏译《阿吒薄俱元帅大将上佛陀罗尼经修行仪轨》（卷上）亦有咒猫鬼法。

隋代"猫鬼"事件，是国人恐猫心理最后的高潮。

但隋代"猫鬼"事件中，仍然是疑云重重。

这个"猫鬼"到底是个什么，正史中并没有说清。徐阿尼召唤来的"猫鬼"，众人其实并没有见到。人们见到的，只是徐阿尼脸色铁青，似被拉拽。

隋唐之际的《诸病源候论》中说："猫鬼者，云是老狸野物之精，变为鬼蜮，而依附于人。人畜事之，犹如事蛊，以毒害人。"推其文意，大概是猫的鬼魂。这个说法比较符合史书之文。

但唐代小说《朝野佥载》中说，那时家家"养老猫为厌魅"。这么说的话，猫鬼应该就是具有"法力"的老猫。这应该就是以讹传讹了。

一般意义上的"成精"，是指动物或其他东西，经过长时间修炼而成的，能够幻化为人的这个过程。但这里的"猫鬼"，应该并没有幻化为人。没有幻化为人，连猫的形体也没有。所以在隋代的传说中，猫鬼就是猫的鬼魂。但往前往后推的话就不一定了，也有可能会传为猫妖。

至于被猫鬼所害者的症状，正史中也没有交代。《诸病源候论》的说法是："其病状，心腹刺痛。食人腑脏，吐血利（痢）血而死。"

如何治疗，当时的医书《诸病源候论》《千金方》中自有记载，其方不止一种。其中《千金方》说到一个方子，"烧腊月死猫儿头作灰末"，然后如何如何（药效可疑，故不详录）。用"死猫头"，治"猫鬼病"，不知算不算"以毒攻毒"。[1]

又，据《本草纲目》引陈藏器《本草拾遗》等，可知唐代即有"白虎鬼"传说。所谓"白虎鬼"，又称"白虎神"，在粪堆之中，为粪神。（粪或说是屎，但我认为更有可能是脏土。）白虎鬼状如猫，扫粪于门下使人生白虎病。这个传说倒更像是因猫而生的传说。但唐人讳"虎"字，所以也不知此说是否果出于唐。

---

[1]　《千金方》中有所谓"治猫鬼野道病歌哭不自由方"，这个方名其实读作"治'猫鬼''野道''病歌哭不自由'方"。就是说这一个方子可以治三种病：猫鬼病、野道，还有歌哭不自由病。或误读作"治猫鬼野道病，歌哭不自由方"。

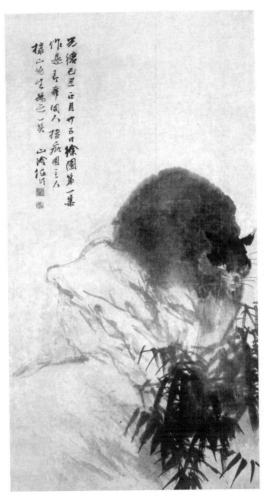

〔清〕任颐《竹石灵猫图》

又据《朝野金载》说，隋代的蜀王杨秀也因猫鬼获罪。还说当时猫鬼之事颇为灵验，控告被猫鬼所害的人家非常多，以至于"京都及郡县被诛戮者数千余家"。此说夸张，似乎不甚可据。但猫鬼事件影响深远，却应该是真的。

后世也有所谓"猫鬼"，如清中期偏早的宁武县民间祀猫鬼。人身猫首的猫鬼像，被人们争相供奉着，巫师因之获利。彭兆荪当时主持县务，对这些"淫祀"进行了严厉打击。事见《衔蝉小录》。

又如清人《咫闻录》："甘肃凉州界，民间崇祀猫鬼神。"并说其法是先把猫勒死，然后再如何如何供奉它，把它的鬼魂变成自己的奴隶等。

但后来的"猫鬼"与隋代的"猫鬼"究竟有几分关系，其实已经很难说了。说到底，"猫鬼"本不存在，不过是被人编出来的，不同人自然有不同的编法。

另外有人将隋代"猫鬼"事件跟武则天时期宫中禁猫联系起来，这就实在是牵强难通。

古　镜

隋唐时期，猫妖的传说通常夹杂在中篇故事之中，作为一个个片段出现。

这种现象在唐传奇的开山之作《古镜记》之中便已呈现。

王度《古镜记》，以神镜为线索，述隋末诸事，陈黍离之悲。凡十三节，第一节可视为序章，末一节讲失去神镜，中间即各种降妖伏魔，映日照胆等神异之事。神异之事第一条，便及狸妖。

说隋炀帝大业七年（611），故事主人公王度携带神镜，自河东返长安，至长乐坡，准备寄宿在程雄家里。

程家最近寄居有一个漂亮的婢女，名叫"鹦鹉"。王度下车时，拿出神镜整理衣帽，这时婢女远远见到神镜，忽然叩头不止，以至流血。

王度问主人程雄其中缘故，程雄说："两个月之前，有人带着这个婢女从东而来。当时婢女病得严重，那人便把她留在这里，说还会回来接她。至今那人也没回来，我也不知道这个婢女的具体情况。"

王度怀疑婢女是"精魅"，于是拿着神镜来逼问她。只听婢女口中说着饶命，要变回原形。王度可怜她，就把神镜遮盖起来，又对她说："你先说一下自己的情况，然后再变回原形吧。我会饶你命的。"

婢女再拜而后陈言："我是华山府君庙前面大松树下的'千岁老狸'，只因为变形惑人，罪当一死，遂被府君追捕。我逃到黄河与渭河之间，被下邽人陈思恭收为义女，蒙其厚待，将我嫁给同乡之人柴华。我与柴华感情不和，于是逃婚东至韩城县，却被路上的糙汉李无傲抓住。可怜我被迫跟着李无傲，东奔西走好几年。前日来到此处，忽然又被抛弃。没想遭逢天镜，无处隐形。"

王度说："你本是老狸，现变为人形，岂有不害人的道理？"

鹦鹉说："我变成人之后，只侍奉过人，从来没有害过人。但是因幻形惑人而逃窜，神道不容，自然罪当一死。"

王度又说："我现在想饶你不死，可以吗？"

只听鹦鹉悲泣道："蒙君大德，没齿难忘。然而经过天镜一照，今后我再也无处藏身。只是我做人日久，已然羞于恢复狸形。您让天镜在匣中藏上片刻，再允许我饱醉一场，然后我就可以含笑而终了。"

王度说："把神镜藏入匣中，那你不趁机逃跑吗？"

鹦鹉苦笑道："刚刚您自己还说要饶我不死，蒙您大德我都没有奢望活命，现在又怎么会逃跑？如果逃跑，岂不是忘恩？其实天镜一照，我再也没有逃跑的可能了。只希望在最后的一点生命里，能够享受一下为人的极致欢愉。"

王度立刻把神镜藏入匣中，又给鹦鹉置备下酒席。把主人程雄家合府上下，连带街坊邻居，一起召集来饮酒作乐。

最后鹦鹉喝得是酩酊大醉，忽而振奋衣袖，起身舞蹈，口中唱道：

> 宝镜宝镜，哀哉予命。
>
> 自我离形，于今几姓。
>
> 生虽可乐，死不必伤。
>
> 何为眷恋，守此一方。

歌罢，鹦鹉再拜于王度等，然后化为老狸而死，一座众人皆为之惊叹。

故事颇为凄凉动人，与之前的猫妖传说相比，人情意味大增。并无法力也未尝害人的老狸，其实就只是乱世之中的低等平民。

其歌"自我离形，于今几姓"，当有深意。表面上应该是说，鹦鹉由狸变人之后，嫁过几个男人。深层意义上应该是说，作者王度由隋至唐，经历了丧国之痛。

老狸之死，其实也是王度的自我裁决。宝镜照见的，不是妖怪的原形，而是作者的内心。

王 贾

传说，唐玄宗时期有太原人王贾，善晓过去未来之事，精通降妖捉怪，屡显神通。

当时东阳县令有个女儿，被妖怪缠了几年了，各路巫医皆束手无策。忽然王贾因事至东阳，县令听说其大名，便将他盛情邀请至家中，置备茶果，精心招待，却不敢直言求助。王贾看出县令的心思，于是说："听说阁下有个女儿被妖怪缠上了，在下不才，愿为除之。"

说着，王贾为县令画了一道桃符，让他放到女儿的床前。县令女儿见到桃符，先是边哭边骂，继而熟睡过去。县令一看床下，已经有一只"大狸"被腰斩两截了。从此之后，县令女儿的病就好了。

事见牛肃《纪闻》，引自《太平广记》（本文中多数条目实皆转引自《太平广记》，不一一注明）。《纪闻》中记王贾之事本详，降服狸妖之事是其中一小部分。

小　　金

唐德宗贞元六年（790），范阳（治所即今河北涿州市）人卢颀家中有婢女名曰小金，年方十五六岁。

原文写小金"衰厄"，所以屡屡经历怪事。

当时有个四十多岁的妇人，不知从何而来，穿着碧绿色的裙子，蓬松着头发，拖着一双黑鞋，自称姓朱，家中排行十二。（古人用家族大排行，所以常见同辈排行的大数字。非谓一父一母所生。）按照当时的习惯，我们可以把这妇人叫"朱十二"。

一开始朱十二还没有什么异状，只是来找小金闲聊。但有一次，小金正烤火取暖，朱十二以被烟熏为由，将小金打晕。幸亏一旁童子报信，众人才将小金救醒。

又过了几天，朱十二又来找小金了。只见朱十二抱着一只"如狸"的小动物，此物尖嘴卷尾，尾如犬尾，身上斑斓如虎。朱十二对小金说："你为什么不喂我的猫儿？"小金被这没头没脑的问题问蒙了，只说："素来我也没喂过你的猫儿啊。你这是什么意思？"话音未落，朱十二又照小金脸上打去，小金又被打倒了，取暖的火也灭了。童子一见，赶紧跑去报告主人。主人来时，小金依然如上次般身体僵直。主人找来巫师，才将她治好。

之后小金又经历了一些怪事。直到小金的母亲被鬼附身，主人才从鬼的口中得知，原来朱十二的前身是东邻吴家阿嫂朱氏，只因生性刻毒，死后被罚转世为蛇。现在，这蛇在天竺寺的楮树下面的洞里，日久成精而有法力，所以变成妇人。而她穿的衣服，是从人家墓里偷出来的随葬品。

主人又问："朱十二抱的怪兽是什么？"

鬼回答道："是'野狸'。"

后面的情节就是另外一些怪事，以及神人帮助小金脱离苦海等。与本文无甚关联，故不详述。

事出陈劭《通幽记》，《太平广记》"卢顼"条引作《通幽录》。

这个故事中，其实没有"猫妖"，有的是"妖怪养猫"。

虽然原文明确说那是"野狸"，又说其种种异形（尖嘴卷尾，尾类犬，身斑似虎）等，但艺术来源于生活，明显这是养猫成俗之后，神怪故事对世俗生活的影写。

郑氏子

接下来这个猫妖传说是一个大婆斗小三的艳情故事，出自约大历年间成书的《广异记》，作者戴孚。

说当时有一个姓郑的人，寄居在吴县的重玄寺。这天郑氏子闲来无事，登上阁楼，忽见阁楼上有一个美艳女子，因与之苟且。女子开始时就不知廉耻，后来更是常常不请自来。从此之后，郑氏子开始讨厌自己的妻子，并在行动上疏远她。动辄就是几个月不与妻子接触，而同时与那女子偷情。

后来，郑妻请来大德高尼，到郑氏子的房里念经，那女子便不再来了。郑氏子因此大怒，质问自己的妻子："为何叫来这妖尼，令我的家口不再来找我？"径直以"家口"称呼妖女。尼姑走后，那女子又来与郑偷情。尼姑一来，女子便不再出现。如此这般，反复多次。

后来郑氏子经常骂自己妻子，不让那尼姑过来。但越是这样，郑妻越知道尼姑确实有法力。于是郑妻干脆把这尼姑留在家中，日夜念经。

这天，那妖女忽然不知怎么找了个机会对郑氏子说："先前我想来和你纵情欢愉，可惜因为尼姑的缘故，使我被压制，所以不能遂愿。如今辞君去矣，后会无期。我只是这重玄寺楼阁旁的'狸二娘'。"

说完，女子便不见了，从此之后再也没有出现。

故事中除了作为妖怪的小三，都没有名字，可能是作者嫌其事丑吧。

苗介立

此条出自《东阳夜怪录》，作者王洙，元和十三年（818）进士。其文甚长，大意谓：

彭城（今江苏徐州）秀才成自虚，于元和九年（814）十一月九日过渭阳县东阳驿（在今陕西渭南市东东阳水附近），夜逢风雪，投宿破庙，遇八妖而谈诗。略似前述董仲舒与老狸谈经讲道。

故事中病僧安智高（骆驼精）是破庙主人，先与成自虚相见，而后有卢倚马（驴精）、朱中正（牛精）、敬去文（狗精）三者前来，四妖见成自虚是读书人，遂与之谈诗。所说无非是互相暗讽，而自我吹捧。

这时敬去文说到"苗十"。古注说："以五五之数，故第十。"大概是猫的一种叫声"唔唔"如说"五五"之数，所以猫妖被排到第十。"苗"则是"猫"之假借字。

估计是猫狗素来不和，所以敬去文说苗十："气候哑吒，凭恃群亲，索人承事。""哑（yā）吒（zhà）"这个词比较少见，大概是形容说不出话或者口齿不清的样子。"气候"在这里指人的神态风貌。大意就是狗精形容猫妖言语不清，凭着人们对它的喜爱，而更加奉承人，有一种谄媚之态。

下面的情节是，苗十忽然到来，敬去文却与之假意亲热，勾肩搭背地跟苗十说："你可算来了。"

众人为成自虚引荐，二人各道姓名，成自虚这才知道，苗十的大名叫"介立"。介立的意思是独立，形容猫蹲坐的样子。

众人又是一顿谈诗打哑谜之后，敬去文对苗介立说："胃家二兄弟的住所离此不远。不来往的话，怎么能表现出咱们的亲近呢？《诗经·大雅·既醉》里说'朋友攸摄'，朋友之间就要相互捧场嘛。难道咱还得给胃家兄弟下请柬？我是特别希望他们能自己来啊。"意在把苗介立支走。

苗介立果然上了套儿，说："我本来就想去拜会胃家兄弟，不过因为大家诗兴正盛，不知不觉给耽误了。敬去文公既然有意让我去邀胃家兄弟，那就请大家安坐片刻，在下去去就回。胃家兄弟如果说不，我硬拉也把他俩拉来。好不好？"

大家都说好。苗介立就走了。

敬去文看苗介立走远了，就说："这个愚蠢的家伙，有什么能耐的啊？仗着自己有爪子罢了。听说他在管理仓库的岗位上，还有廉洁奉公的美誉呢！我看他是不知道什么是'蜡姑之丑'吧？！哎呀呀，别人对他的非议，他能奈何？"

原文"蜡姑之丑"不详何指（这里的"蜡"不是"蜡烛"的"蜡"，而可能跟《礼记》"天子大蜡八"有关），应该是历史上有关猫的什么丑闻，或者干脆就是敬去文无中生有的污蔑。

敬去文这些话，本来是背着苗介立说的，却没想到还是被苗介立听到了后半部分。

只见苗介立怒气冲冲地回来了，身后跟着胃家兄弟。苗介立把衣袖一挥，没好气地说："天生我苗介立，是楚国斗伯比的直系传人，苗姓得自斗贲皇的封地'苗'，苗氏分二十族之多。连《礼经》中都记载了要祭祀我的祖先。他敬去文，一个盘瓠的后代，大小不分，不通人伦的家伙。我看他只配哄哄小孩，看个门儿，像妖狐一样谄媚，到灶台旁偷个肉什么的。他还敢议论别人的短长？"

苗介立说的《礼经》，是指《礼记·郊特牲》，因其中记所祀"八蜡"之中有"迎虎迎猫"的仪式。

苗介立又说："我如果不呈上自己写的诗，恐怕敬先生说我才疏学浅，也让大家以后小看我。现在我就写一篇，请列位上眼。"诗曰：

为惭食肉主恩深，日晏蟠蜿卧锦衾。

且学志人知白黑，哪将好爵动吾心？

诗意大概是说：人待我们猫特别好，又是给我们吃肉，又是让我们早晚睡在华美的纺织物之上，这让我们很感动。所以我们知恩图报，坚守自己捕鼠的岗位，即使是好爵（两层含义，一是高官，一是好吃的鸟儿。"爵"通"雀"。）也不会让我们动摇。

成自虚听后，连说苗介立的诗做得好。

敬去文说："您不了解历史，就在这里污蔑我。我其实是春秋时期宋国名臣向戌的后代，您却说我是盘瓠的后代，跟辰阳的五溪蛮同宗，其实他们跟我几乎没有亲缘关系。"

盘瓠是"五溪蛮"传说中的祖先，是一条狗。向戌其实本来跟狗没关系，只是名字中有"戌"字，生肖中戌对应着狗。苗介立把狗精敬去文跟盘瓠联系起来，其实更有道理。但古人多向汉文化看齐，所以敬去文不愿意承认自己跟盘瓠有关系，而是去附会古代名臣向戌。

故事发展到这儿，忠厚老实的朱中正，看猫狗两家的官司不断，让人难受，于是开口道："我愿意给你们两家和解，可以吗？昔日我的祖先，春秋时齐国的名臣逢丑父，跟向戌、贲皇，经常在盟会上见面，大家可以说是世交。现在我们座上有贵客成自虚先生，你俩何苦互相诋毁对方的祖先呢？话里话外的有什么破绽，让人家成先生笑话。大家还是继续吟诗作对，别吵架了。"

逢丑父与牛精朱中正也是没什么关系，只是生肖中丑对应着牛而已。

于是苗介立顺着台阶转移了话题，把胃家兄弟介绍给了成自虚，还把胃家兄弟好好夸赞了一番。

忽然之间，远寺钟鸣，天色放光。成自虚定睛一看，却不见了苗介立等八人。四处寻找下，只发现一只病骆驼，一头黑驴，一只老鸡，一只"驳猫儿"（花猫）睡在窗户下面的麦曲上，又在破瓠、破斗笠下面分别发现一只刺猬，又发现一头牛，一条犬。此八畜，实即成自虚夜间所见八人。

诸妖姓名字号及官职，皆用谐音、典故等，暗指原形及状态。如"安智高"大概就是指骆驼"肉鞍高"，"敬去文"即"苟（狗）"，"胃藏瓠""胃藏立"即"藏在瓠中之刺猬""藏在斗笠下之刺猬"等。主人公"成自虚"，表明整篇故事"诚自虚言"。

其中颇多哑谜、僻典，索解非易，富有文人趣味，与常见的民间色彩较重的猫妖传说大不相同。近世学者钱锺书名其猫为"苗介立"（《容安馆札记》二十二及九十七），即本于此。

苇林狸怪

传说，在唐穆宗长庆初年，晋阳北面有很多人种成片的芦苇，就像南方种竹成林一般。当时的北都（北都即上文晋阳的别名，治所今山西太原西南）有一户人家的房屋，便建在苇林之中。

一次村里举行宴会后，人们把剩下的食物放在苇林中的村民家里，但第二天食物就都消失了。有别的村民之前藏在他家的缯帛，现在一找，也没有了。村民感到非常奇怪。然而怪事不只如此。

之后的某天夜里，村民听到有一种声音，好像是很多婴儿在哭。但顺声音找过去，却又什么也听不到了。第二天依然如此，先是有婴儿哭声，找过去又发现什么也没有。这让村民感到脊背发凉，寒毛直炸。

第三天天一亮，他就把这些事跟村里其他人说了："我几次听到苇林里有婴儿的啼哭，但进去之后又什么也找不到。苇林里也不该有什么婴儿，只恐怕是妖怪。"

然后大伙一起拿来镰刀等工具，开始清理苇林。随着一丛丛芦苇的收割，人们终于发现密林深处中有一个洞穴，洞穴中有先前丢失的缯帛和餐具。又见洞中有野狸十余只，有的俯身皱眉，有的仰身呻吟，有的眨着眼睛喂奶，有的蹲着身子，哀号一片，好像有什么愁苦。

村民们手持利刃，慢慢过去，把野狸一一杀死了。从此之后村上就安静了。

事出张读《宣室志》"晋阳民家"条。

故事看似有一定的真实性。但十余只共居一穴，恐怕不符合野猫独居的生物习性。

余　说

隋唐时期流传的猫妖传说，大抵如上文所言。

有一点需要特别说明的是，唐代除了猫妖传说之外，还出现了"鼠报"等很多与猫有关的传说。这些传说中的猫儿，有的仍不免是负面角色，但有的已经可以说是正面角色了，比如虎神的使者，比如化作巨龙而远去的神秘猫儿。有这些特点的唐代，跟几乎只有猫妖传说，而很少有其他与猫相关的传说的汉末至隋初，是非常不同的。

传说唐代李昭嘏屡试不第，某年又去考试，当时的主考看到一只大老鼠，反复将李昭嘏的卷子拖到自己跟前，因此让李昭嘏得中进士。后来主考把情况一讲，问李昭嘏是怎么回事。李昭嘏说自己家三世不养猫。当时的人遂说这是"鼠报"。

事见《玉泉子》《闻奇录》。《宣室记》"李甲"条事略同。

这是一个有着明显佛教色彩的传说，讲的是戒杀与果报，全然与公正无关。但"鼠报"传说后来竟然有很多，愚人信之不辍。

在唐末五代时期的嘉陵江畔，流传着一个"姨虎"传说。说的是当时有个老妇人，年龄不到五十，自称"十八姨"。经常来到平民家中，不吃不喝，只是教诲众人说："但做好事，莫背天德。居家和顺，孝行为上。汝等若作恶，可小心我已经派了三五只猫儿经常来凡间巡检。"话没说完，十八姨就会消失不见。每年都会出现三五次一样的情况。民间知道她是老虎所变，都对她十分敬畏。

事出杜光庭《录异记》。

这个故事中，养猫的虎神的形象还是比较正面的。但后来的宋元明清时，多数老妇加宠物猫的组合，却总都给人一种妖异恐怖的感觉。

五代时期"十国"之一的蜀国，有个蜀王的嬖臣叫做唐道袭。故事发生在唐道袭做枢密使时的某个夏日。

这天大雨倾盆，唐道袭养的猫儿独自在屋檐下戏水，唐道袭就在一旁看着。只见猫儿渐渐变大，忽而大到前脚能够够到房檐。一道电闪，紧接着一声霹雳震天动地，咔！唐道袭再看那猫儿，已然化为一条巨龙，径自飞向大雨之中了。

事见徐铉《稽神录》。

唐末至宋初成书的道教文献《太上元始天尊说北帝伏魔神咒妙经》中，首次出现了"猫妖之精"这个短语。说的是，

〔清〕袁江《猫雀图》

"女人被猫妖之精"，吞掉某某灵符，就会痊愈。但这个短语在这里是什么意思，我们还不太清楚。

还有前几年的电影《妖猫传》，以唐玄宗杨贵妃之事为历史背景。但其原著却是日本作家梦枕貘的《沙门空海之大唐鬼宴》。也就是说，《妖猫传》其实是一个日本故事。

唐代"猫妖""妖猫"事件，本文基本都写到了，但它们与《妖猫传》里讲的，没有任何关系。唯一相通的，大概就是唐代人对猫的印象，确实不怎么好。

中国本土猫妖传说（下篇）

猫　　魃

　　传说，南宋临安府丰乐桥旁开机坊的周五家中，有一个女儿，生得花容月貌。这天周女听到门外有卖花的声音，于是出来一看，发现那花儿鲜艳美丽，并非平时可见的。于是多出钱，将花儿悉数买下了。回家之后，周女把花儿插置满屋，来回把玩，眼神全然未尝稍微离开那些花儿。

　　从此之后，周女仿佛被什么东西迷倒，白天昏睡不醒，晚上呆坐达旦。每夜定会洗漱装扮，更换新衣，半夜中还好像在跟什么人说话。

　　周家父母深以为忧，于是暗约法师，但周女却没有任何好转，甚至不动声色，全然不怕那些法师。

　　当时有个卖面的人，叫做羽三，住在候潮门外。这天与周父偶遇，羽三问周父："听说您家有妖怪您却没办法治它，真的吗？"

　　周父说："是啊。我正烦呢，没办法。"因而将详情都对羽三讲了。

羽三说："这是'猫魈'作祟。明天我能帮你制服它。"

第二天，周父预备下酒菜和香烛纸钱，把羽三邀请至家。羽三也如约来到周家，分气踏步，施展法术。不一会儿，周女已然震恐。羽三运使法剑斩下妖魅的头，周女便不知不觉进房睡下了。

睡了几刻钟，周女醒来之后，感觉心神开朗。人问先前所见，周女说："每日黄昏刚到，我就见到一个奇伟少年，盛装乘马而来。两支红烛在前，笙箫之乐在后。凡是需要的饮食，少年声下后立马就能拥有。其歌声笑语，与人类相同。现在没有了。"

过了几十天，周女好像有了身孕一般。周父又为之请来羽三，羽三画了一道灵符让她吞下，此后便恢复了正常。

事见《夷坚志》。

不知道这个故事是不是在告诉万千少女，莫要过分痴迷于撸猫。

故事中提到一个短语叫"猫魈"，比较少见。魈的意思是鬼怪，在这里就相当于妖怪，"猫魈"即"猫妖"别称。

《夷坚志》中又有"汀州山魈"一条，今简要附述于此。故事发生在汀州（治所在今福建长汀县）府衙副职官员办公厅，厅后面的极大的皂荚树里有妖怪，妖怪的名字叫"七姑子"。这一天，军卒在厅内携妾饮酒，忽有一身长二尺许的小妾，身着褐衫素裙，缓步而来。大将军以杖击之，于是见一猫跃出，而之前所穿之衣物皆脱落至地。人们才知道七姑子是猫魈。

白猫示变

淳熙七年（1180），有一人姓孟，名必先，字子开，因公务暂居建昌（治所在今江西奉新县西）之南城驿站。

孟必先有一个侍妾，正在卧室点着灯辅导小孩子读书，孟必先就在隔壁。忽然，孩子看到一只白猫，从屋里蹿了出去。孩子跟妈妈一说，俩人就拿着灯出去查看。这时孟必先也听到动静，就跟着出来了。

三人刚出来，就听到身后轰然一声巨响，回头一看，直道好险。原来是之前三人所在的两间房，这时已然倾塌，屋中器皿桌椅皆碎落。如果不是白猫忽然出现，此时全家三口命已归西。

此南城驿，在孟家此事前后，都有妖怪出现，而这次却能为人免灾。

事见《夷坚志》。

宋代已然是普遍爱猫的社会了，猫妖传说相对于前代较少。这里出现的猫，其实隐隐约约仍是妖怪，但未尝害人反而救人。

顾端仁

南宋年间，有一个秀才叫顾端仁，随父母迁到临安府钱塘县修文巷住家，未尝娶妻。

一日，顾家人在堂中用餐。恍惚之间，顾端仁见到一个光鲜艳丽的少女，径直走到他面前。顾端仁举手把饭碗遮起来，用力地咀嚼着，以此来掩盖自己的紧张，与内心的邪念。父母看到他的怪异表现，就问是怎么回事。顾端仁随便找了个借口搪塞了两句，没对父母说自己恍惚间见到美少女的事。

从此之后，在外人来看，顾端仁是郁郁寡欢，如同痴呆。但那美少女每夜都来与之私会，顾端仁心内实际甚乐。

这天，顾端仁独自走在西湖岸边，又遇到了那美少女。只见女子走过来，拉着顾端仁的衣袖，轻佻地说："小哥哥想我了不？"

顾端仁却"生气"地说："你就是一只'邪鬼'，我想你个头啊。"

女子说："你怎么知道我是邪鬼呀？"

顾端仁说："我刚看见你走路，响晴白日中，竟然都没有影子。你说你不是'阴魅'又是什么？"

女子说："你既然有疑心，那就跟我到四圣观里来试试吧。"

于是二"人"携臂而往。

"携臂而往"是古书原文，我想这个动作表达的是，其实二人仍然欢好。前面的对话，不过是情人间的玩笑。顾端仁最开始其实就知道女子是"邪鬼""阴魅"，却仍然选择了与之交往。

话说进入四圣观门口之后，顾端仁再看，那女子已然消失不见。徘徊良久之后出观，才看到女子站在道旁。

顾端仁嘲笑女子说："你怕见四圣，可见你就是邪鬼。"

女子说："你不懂，四圣也都是女身。"

顾端仁问："为什么这么说？"

女子说："道经里说了：太阴化生，水位之精。"这句话本来是说北方真武（"四圣"之一）的，其中的"精"（最纯粹的东西）在这里被女子曲解为"妖精"，变成一个玩笑。

顾端仁闻言大笑，于是二人顺原路又走了回去。路上的人，见到顾端仁自说自笑，都吓得不敢上前。忽然路逢友人张仲卿，张也看不到那女子。顾端仁便对张说："鬼事且不管，咱俩喝酒去吧。"

来到酒馆坐定，张仲卿唱了一支《杏花过雨》以助酒兴。歌罢，顾端仁忽然又见女子坐在一旁，而张仲卿全然不知。顾端仁招呼店家添置碗筷，以招待女子。张仲卿见座旁明明无人，知道是顾端仁见鬼，于是又是吐唾沫（传说鬼怕唾沫），又是骂顾端仁，想把他骂醒。最后，张仲卿见自己的做法顾端仁视而不见，气得推门而出，径直来到顾家，对其父道明实情。

顾父听后，既惊又惧。顾端仁一回到家，顾父就拉着他去找了一个黄姓法师。

黄法师说："这是妖孽凭据，肯定是'猫精'。明日我会为你诛杀它。"（表示猫妖的"猫精"一语，汉语史上首见于此。）

然后顾端仁带着黄法师画的两道灵符回到了家中。这天夜里，女子果然没有过来。第二天一早，黄法师又送来三道灵符，让顾端仁佩戴一枚，焚化一枚，另外一枚贴在了门上。从此之后，妖怪就不来了。

然而，数月之后，顾端仁因事送丧之后又见到了那女子。大概丧事破坏了灵符的法力。

只见女子蹁跹而入，呵斥顾端仁说："你太无情了，竟然让黄法师害我！现如今三道灵符都已失效，被我拿在了手里。"说着，伸出手来让顾端仁看。

顾端仁赶忙解释说："最早不是我有心害你，我只是被父命逼迫，不得已而行事。"

女子反驳道："你自己不说，你父怎么知道我的事情。我也不怨你，你且跟我走吧。"

来到一座桥上，顾端仁忽然跳入水中。幸好有一条船经过，才将他搭救。

人们问他为何往水里跳，顾端仁竟然不知廉耻地道出了实情："我只看到好几个小美人，带着我来到一座宫殿，一座如同皇宫一般富丽堂皇的宫殿。我正准备纵情游玩一番，却有蒙诸位将我唤回。本来还有点遗憾呢，现在才知道自己刚才差点身归那世。多亏了各位了，我谢谢各位了。"

虽然当时未死，但之后顾端仁就在不知不觉中染上了说不清的病症，不久就命归黄泉了。

事见《夷坚志》。

阳台虎精

南宋时从鄂州至襄阳的七百里之间，经乱离而荒凉。孝宗乾道六年（1170）夏，有一个湖广总领叫江同祖的，由鄂州去襄阳，路过阳台驿，夜间苦于蚊虫而不得眠。江同祖便对手下说第二天鸡初鸣就启程，心想越早离开这个鬼地方越好。

但是阳台驿的小吏却告诉他们说："此地最是荒寂，多猛虎，甚至有虎精害人。之前就有一个天未亮就出行的武官，他与马匹皆为虎所食。你们最好等天亮再出发。"江同祖从其言。

回来时路过郢州，又一次投宿这个驿站，但这次起得稍微有点早。只见路上更无其他人马，但远远望见一个黄色的东西飞驰在草丛里，让人非常害怕。渐进之后才发现，那是一只大鹿，大得出奇，让人毛骨悚然。

半路上，马前忽然又出现一妇人，年龄在四五十之间，梳着独角发髻，面色微青，不施粉黛，双目绝赤，看起来非常吓人。妇人穿着褐衫青裙，拖着一双草鞋，抱着一只"小狸猫"。一会儿出现在马前，一会儿又出现在马后，仿佛阴魂不能散去。但江同祖他们打算停宿时，却又看不到先前的妇人了。江同祖心中暗想，这妇人一定就是虎精了。但没把想法跟别人说。

第二天清早，江同祖一行还没出发时，当地的巡逻兵跟他说："昨天我在道旁抓到两只还不能正常行动的小老虎。大人您想要吗？我愿意送您。"江同祖笑道："我可不愿意养虎遗患。"

后来江同祖连续几天住在江中船上，那妇人恰恰也在，容貌衣服，一切如初。想到这妇人独自出行，却能赶上骑马赶路的一行人，江同祖更加惧怕了。后面的路途上，江同祖便改坐在轿子中，轿帘放下，双目紧闭，不敢往路上看。

回到住处将近整月的某一天，江同祖又听到门外有锣鼓喧闹声。出门一看，发现有各路民众数千人聚集而来，好像是缉拿什么凶手。再一看，发现被告正是先前那个妇人。

一问，众人都说，市场南面的人家连续几晚丢失大量家猪及孩童，盗贼没有被人们找到。只有这个小店里这个妇人，独自留宿，已然一月。可是没人见过她做饭，她也没出来买

〔清〕罗聘《猫趣图》

过东西吃，只养着一只猫，细看猫嘴边还常有毛血沾污。人们怀疑这妇人是怪物，于是将之告到当官。

妇人在被押送的路上，气概洋洋，一分恐惧皆无。来到府衙，郡守李寿卿侍郎在签堂中审理此案。此妇自己就能把笔写字，自述姓屠，是某大家的闺秀，父亲曾经担任远安县知县，前夫不称其意且已故去，无儿无女，孤身一人，客居苟活于世。市场上的恶霸少年，都来欺侮于己，现如今又来诬陷寡妇为妖怪，种种冤苦，只愿侍郎大人做主。

李寿卿听罢原被告双方陈词，心生怜悯，不忍将妇人治罪。但众意难违，李寿卿也只好判被告自我反省，并限期离境。

后来此妇被押送出境，来到咸宁的茶山之中，与茶民住在一起。时间一长，又因为杀食狗等家畜，被人看见，而被鞭打驱逐。最后不知所踪。

事见《夷坚志》。

这个故事的主体内容，跟我们之前讲过的"姨虎"之事很像，都有虎精养猫的情节，且故事中猫都担当了人形妖怪所未尝表现的兽形与兽性。

但这个宋代故事中，有唐代传说中所不具备的复杂案情，可与同时期欧洲的众多巫猫案相对比。欧洲中世纪，猫，尤其是黑猫，被视作异教巫师的象征。独居老妇带黑猫，则是巫婆"无疑"，常被公开处以火刑。而中国从来没有成规模、成习俗的仇猫、屠猫的行为和事件，这与中世纪的欧洲大不相同。

本故事虽然也属于惨剧，但故事中官员尚属公正。为平抚民众丢失家畜儿女的情绪，官员只能无奈判老妇离境，一方面合于"疑罪从无"，一方面也是保护被告。所以，请为故事中的官员点赞。

另外，故事结尾处，老妇入茶山事，在某些版本中被删除了。也就是说，故事的结尾就是，老妇只是被李寿卿责令出境，之后便不知所踪。这种处理，使故事更加有人情味。

但原文最后是说有人看到老妇"搏食畜犬"，明显出于作者的"上帝视角"，暗笔设定老妇确实就是虎精。但现实中的很多事，其实不容易说清。放弃上帝视角的情况下，我们也可以怀疑自称"目睹"老妇作案的人，是否是出于某种目的的诬陷者。

如前文所说，古代小说常以现实为基础。本故事所写，有可能就真是一个老妇的悲惨晚年，孤立无援，不容于众，最后带着宠物猫流亡而终。

退一步讲，如果她真是虎精，大概不会被人欺负到这种地步吧。

玉蕊娘娘

"玉蕊娘娘"事见《清平山堂话本·洛阳三怪记》《百

家公案·判刘花园除三怪》，文本虽写定于明，但故事多少有些宋元时期的风貌。

故事发生在北宋时期的西京河南府寿安县（今河南宜阳），主角是小员外潘松。

说清明游春，潘松来到了会节园，偶遇一个婆子，自称潘松的姨母。潘松随婆子进入"一座崩败花园"，然后婆子说去请"娘娘"。

婆子走后，潘松见婢女之中有一个自己认识的人，正是邻居家刚死不久的女孩王春春。王春春告知此处危险，劝潘松快逃。

潘松逃出后，路遇道士徐守真。徐守真自负法术在身，拉潘松回访。不料潘松又被婆子迷走，徐守真却不知，还以为是潘松自己有事走了。

潘松回到败园之中，见到所谓的"娘娘"，发现是一穿白衣的美貌妇人。正要问娘娘姓名，忽然有一红袍武生闯入，说："娘娘又共甚人在此饮宴？又是白圣母引惹来的，不要带累我便好。"原来来者名叫"赤土大王"，那婆子就是"白圣母"。吃过几盅酒后，赤土大王又走了。

然后"娘娘"就主动和潘松做了不可描述之事。半夜时王春春携潘松偷看到白圣母害人，并告知潘松，那个妇人名叫"玉蕊娘娘"，随后将潘松救出。

潘松路上见到庙中供奉的三尊神像，正是昨日所见三人。

回到家中，对父母一一道明。父母大恐，请来道士徐守真救治。然后徐守真请自己的老师蒋真人，先将"白圣母"烧死，又请来神将用雷把"玉蕊娘娘""赤土大王"劈死。

原来白圣母是个白鸡精，赤土大王是条赤斑蛇，玉蕊娘娘是个白猫精。

故事的结尾部分，《百家公案》为附会包公，将蒋真人的戏份换成了包公的，有游地府、告玉帝等情节。其他情节大体相同。

这个故事本身并没有很出彩，但在诸多猫妖故事中，算是比较复杂的了。而且是通俗文学中第一次出现的猫妖故事，与之前文人化的志怪小说不同。

金华猫精

明代中晚期传说，浙江金华出的猫，养上三年之后，就经常在半夜时蹲在房上，伸口对月，吸收精华。久而久之，金华猫就能成精。然后它就会跑进深山幽谷之中，白天藏匿行迹，晚上出来害人。

猫精害人的方式，无非是化作美男魅惑女人，化作美女魅惑男人。每次猫精到了人的家里，都是先在家人饮用的水中排上自己的猫尿，人不小心喝下去，就看不到猫精的形影了。遇上猫精的人，一开始还没有症状，时间一长就会生病。

夜里在被子上盖一件黑衣服，天快亮时去看，如果发现猫毛，主人就应该设计捉妖了。抓捕猫精的方法也简单，但一定要暗中与猎户约好。猎户牵着狗来家里，就可以抓住猫精了。但猫精抓住不算完，因为人的病还不好治。这时就需要把捕获的猫精的皮给剥下，然后火烤猫肉，烤熟后拿给患者吃下，这样就能痊愈。如果男人病了捕获的却是雄猫，女人病了捕获的却是雌猫，那还是无效。

当时府学里张先生有个漂亮女儿，年方十八，不幸被猫精所害，头发都掉光了。最后终于捕得雄猫，然后病才好。

事见陆延枝《说听》（《坚瓠集》转引），又略见于《五杂组》。

类似的内容，在《猫苑》中还有很多。如：

《猫苑》作者黄汉听自己的爷爷说过，被遗弃的家猫会成为野猫，野猫不死的话就能成精。这个大概是老人编出来，告诫人们不要弃养家猫的。

丁日昌说：广东惠潮道的衙门中多有野猫，夜深时双目熠熠放光，远望如同萤火。大概是无主之猫吸月华，饮甘露，时间长了就渐渐修炼成精，所以上屋跳墙，矫健如飞。夏天海鹭来的时候，猫能上树捕食海鹭。但一次园中孔雀被咬死之后，野猫就再也没来过。有人说孔雀血最毒，猫可能是喝了孔雀血，被毒死了。

周厚躬说：猫能够拜月成精，所以民间传说"猫喜月"。浙江鄞县养猫的人，只要见到猫望月而拜就会把它杀掉，怕的是它成精害人。猫妖害人跟狐狸精一样，大概就是公猫能变成美男，母猫能变成美女。鄞县就有一个寡妇被猫妖所害，先是忽然自说自笑，不久后便精神萎靡。别人盘问，她就坦白说自己是被猫精迷了，不能自拔。

再有其他，则事涉淫秽，少儿不宜了。大概所谓"猫精"，也不过是压抑的古人在幻想中的一种挣扎罢了。

猫治鼠怪

明末清初时，盐城令张云，在任时养有一猫，甚喜人。

这年张云升任御史，带此猫一同赴任。来到巡按察院，听说院内素多鬼魅，人不敢入。张云表示自己毫无畏惧，一定要住进去。

天交二鼓时分，有一个白衣人，来向张云求宿。然后张云的猫忽然跳出来，不由分说，竟将那白衣人一口咬死。张云定睛一看，原来白衣人是一只白老鼠。

从此之后，此巡按察院中再也没有闹过妖怪。

事见褚人获《坚瓠集》。

这个故事乍看与六朝志怪极像，但六朝志怪中的故事脉络是人杀狸怪，而此事却是猫为人杀怪。

唐初虽有"妖犹畏狗，魅亦惧猫"（李师政《辨惑一》）之语，但实际唐之前多见狗伏妖，未见猫杀怪。

唐末出现虎神派遣猫儿巡视人间的故事，已见爱猫之端倪。当时猫儿化龙之事，今人又有欲演为携猫闯荡江湖之小说。然而这些都不是真正的猫儿降妖故事。

想到《西游记》中伏蜈蚣精以昴日鸡，但降金鼻白毛老鼠精的却是不相干的哪吒，还有六朝志怪中杀死鼠妖的仍总是狗，唐代正史中就已经出现的鼠患中猫不足恃，等等传说，便可知在鼠妖面前出现的猫儿是何等稀少了。

然而真正的猫儿降妖故事，除此张云之事，就只有"五鼠闹东京"，与"玉面真人"之事。"五鼠闹东京"事另详，这里说一下"玉面真人"。

"玉面真人"事见清代小说《乾隆下江南》。本是一只"金睛玉眼猫儿"，在西山清修多年，未得正果。乾隆皇帝下江南，在东留村林家园中遇二鼠妖，正当危难之际，土地神等请来玉面真人。

只见二鼠精与二位高人在此大战，看那年老者头上放现金光，谅此位必是当今天子。于是现出真形，运气练精，只往老鼠颈上咬去。黄毛怪见了，吓得魂不附体，早被咬死，跌在一旁。那个银老鼠欲逃走，又被咬死，一对鼠精现了原形，死在地下。

事后，乾隆皇帝册封其为"伏魔仙人"，玉面真人遂得正果。

夜星子

清代中期，北京城里有一个"夜星子"的传说。说的是一种叫"夜星子"的妖怪，会在夜里惊扰小孩，使小孩啼哭不止。

话说某侍郎家，已故的曾祖留有一小妾，当时年龄已然九十有余。家里人都叫她"老姨"。我们可以想象，本来小妾一般都比丈夫小好多岁，这个小妾在丈夫死后又活到九十多，这样在人们的印象里，她似乎来自上上个世纪，总之是很老很老了。有人说老姨来自苗疆，其实不对，但这谣言也说明了人们对她的来历感到很神秘。

老姨每天坐在炕上，沉默寡言，表情严肃。身体健康，饮食如常。养着一只猫儿，如影随形。

某段时间，尚在襁褓中的侍郎的幼子，在夜间常常莫名啼哭不止。于是家人请来能捉夜星子的巫师来施法。只见巫师手中拿着小弓箭，箭杆后绑着几丈长的白线，线的另一端绕在巫师的无名指上。

时至半夜，月色上窗，隐隐约约中人们见到窗户纸上有个影子，忽进忽退，好像一个妇人，身高七八尺，手执长矛，骑马而行。巫师把手一推，口中说道："夜星子来了。"同时弯弓放箭。随后人们听到唧唧声，见到夜星子弃矛而逃。然后巫师顺着箭上的线，一路找到后房，看到线进了老姨的屋子。

众人呼唤老姨，不见答应。打开房门用灯一照，果然看到小箭钉在老姨的肩头，老姨正流血呻吟。而老姨养的猫儿，此刻正在她的胯下。人们这才知道，这猫就是刚才他们看到的马。而之前夜星子拿的矛，后来也被发现不过是一支小竹签。

于是全家齐上，把猫儿杀了，然后生生饿死老姨。从此之后，孩子就不再莫名啼哭了。

事见袁枚《子不语》。

又是一个歧视独身老妇的故事。

《夜谭随录》评论说：此事不可解，不知老妇何为，大概作妖的是那只猫，老妇只是傀儡，最后被连累。

其实照我说，这个故事中的猫也冤枉。小儿的啼哭另有原因，只不过是人们对老而不死且孤立无援者有着天然的恐怖与厌恶，才把坏事编排到他们身上罢了。周作人《赋得猫——猫与巫术》一文（见1940年2月北新书局《秉烛谈》）曾就此与西方巫术比较，可参看。

《子不语》中尚有"猫怪"一则，言"绿眼人"作黑气，于黑暗中奸污人家婢女。主人延请道士救治未果，但妖怪却被雷诛。最后人们在屋角发现被雷劈死的妖怪，发现是一只像驴一般大的猫。

这个故事中出现的"绿眼"，应该源自人们对黑暗中猫眼的恐怖心理。

故事中还有对猫交合特点的暗写，兹不详述。

苗阿姑

同样是清中期，南皮县牟家庵（今河北南皮无此村，但其南约 40 公里处有之，属吴桥县）有一个姓牟的老翁，家道小康。一日，牟翁行至野外，见一只狗追着一只猫，眼看就要追上，猫一下子跳到牟翁怀中。牟翁可怜猫儿，就把狗赶跑了。于是将猫带回家，放在炕头一看，发现这只猫双眼炯炯有神，非同凡猫，而且特别温顺黏人。可惜没几天，猫儿就失踪了，牟翁一家对此也没有太留意。

这天，不知从哪儿来了一个老妇，自称姓梅，要为牟翁之子说媒："东村的苗阿姑，小姑娘长得像是美人图里画的那样精致，年方十七，与贵公子恰恰般配呢。牟先生不为公子考虑一下吗？"牟翁深知东村根本没有姓苗的人家，而且自己儿子早已与任氏姑娘定了亲，所以就把梅姓女打发走了。

后来，牟子和任氏完婚，任家刚把新娘送过来，未及拜堂，忽然门外又传来鼓吹声，原来是又来了一支送新娘的队伍。

人们都说他们弄错了，但送亲人却说："这种事怎么会弄错呢？牟老爷自己忘了吧？"说着，就把新娘扶下了车，然后哗然出门。等牟家人追出门，送亲人已经不见了踪迹。人们没办法，只好揭开这个新娘子的红盖头，才发现这姑娘"光艳四溢，丽绝寰宇"，一下子就把本来看着挺漂亮的任氏新娘比下去了。牟家索性让新郎跟两个新娘同时拜了堂，然后把任氏安置在洞房，后至女子则住进了另外一间空房。

从此，牟子就一时间有两位美人相伴，两位妻子还把关系处得很和谐，亲如姐妹。牟翁不断追问后至女的身世，后至女一开始只是低着头捉衣角，微笑不语，后来才说："公婆忘了梅大娘说过的苗氏女了吗？我便是那苗阿姑。你们看我这样瘦弱，又不会吃人。不过是跟郎君前缘注定，所以我来了。你们就不要再苦苦追问了。"家人也只好接受了。

苗阿姑擅长女红，性格开朗，而且不嫉妒任氏，伺候公婆也能做到"先意承志"，总之是四德（妇德、妇言、妇容、妇功）兼备，得到了全家一致认可。只是某些时候喜欢趴着。

如此半年，牟翁忽而遇见一个道士对他说："贵宅中有很大一股妖气，是不是家中有异事发生？"牟翁言："没有。""你好好想想。""只有半年前我儿娶亲，忽然又有一个新娘自己送上门，此事不能不令人生疑。但到现在这么久了，不但没有发生坏事，反而人们都称赞我这儿媳美丽贤惠。你说的妖，难道是我这儿媳？"道士说："这就对了。但它是为报恩而来，我们不用伤害它。然而异类同居，终究不妥，不如还是去掉它。"牟翁问："那我该怎么办？"道士说："此事甚易。只需早起暗中看她梳头，一定就能发现异状，届时大喝一声，它自己就会逃走。"说完，道士就不见了。

牟翁开始还不信，然而越想越怕，于是悄悄告知老伴，让其偷看儿媳。次日清晨，婆婆在窗外看到苗阿姑早已梳妆完毕，并无异样。又次日，天光未亮时，婆婆就来到儿媳窗前，屏住呼吸，偷偷看向室内，只见室内灯火初燃，苗阿姑起床穿衣，来到镜台，欠身而坐，与常人无异。忽然，苗阿姑伸手把自己的头摘了下来，拿出梳子梳头，头发垂到地上，黑光闪亮，而其项上还有一个头，分明是一只猫头（原文：俨类狸奴）！面对此情此景，婆婆虽然很怕，但还能去拍儿媳门，口中喊道："儿啊，你就是这么梳头的吗？"话音未落，苗阿姑就不见了。

儿子被惊醒后，母亲问他平日情景，儿子只说："每回我睁开眼，媳妇就已经梳洗打扮好了，我从来没看到过她梳头。"家人这才领悟到道士所谓的"报恩"，是指以前牟翁救过的那只猫。

苗阿姑走后，牟子从未停止过对她的想念，明知其为猫妖，也往往流着泪反复对别人说："佳人难再得，佳人难再得啊！"

事见张太复《秋坪新语》卷十"苗阿姑"条。作者以此反讽人间悍妇，对猫妖还是非常同情的。苗阿姑，可以说是人们对柔媚之猫的人格化。

猫儿墩

清代中晚期的小说《施公案》第四六五回中，说到一个人叫吴球，在猫儿墩住家。

说这"猫儿墩"并无房屋，全是天然的洞府。

传说早先有一个猫精住在那里，"在那树林里面掘了极大的窠巢"。然后青天白日间，漫山遍野地作怪。后来猫精也不知怎么就被吴球父子打死了。吴球父子怕猫精的老窝里面仍有余孽，因此下去探看。谁知下面竟然有五间房般大小，深有一丈，底下一片平场，十分整齐。里面还堆积了一些獐狍鹿兔，都是猫精平时捕猎来的。正好当时吴球父子无处安身，见有这么个好地方，于是顺理成章，将之略加修整，改成了自己的住所。

人要是去找他们，必须来到树林，由一个方洞下去，才能入内。

厅署猫精

传说在清道光年间，河南某衙门的屋顶上，常常有一只猫精，仅二尺多长，头戴毡笠，肩挑两小筒，煞有介事地学着担水夫的样子。每天早上起来，这猫精必定会从房檐前经过，人们也习惯了。

后来因为它偷食，被厨师击杀，恰巧这厨师也是它学的那个担水夫。再看它那毡笠，原来是拾取他人的破毡编织的，两个小筒，是用小木片捆扎出来的。

事见薛福成《庸盦笔记》，是转述其外叔祖顾半厓的话，书中有评论说：能成精的猫，应该有很多岁了。然而能被担水夫击杀，终究是没有什么法力。至于它模仿的，也不过是担水夫罢了。想那猫儿心目中，只知有此人。大概这是它平日受担水夫不断威胁导致的吧。

这就是我在古籍中见到的最后一个猫妖传说，遗憾它仍然不是特别精彩。

在通俗文学大发展的宋元明清时期，猫妖故事却并没有很多。这其实在一定程度上反映了人们对猫的态度，由之前的陌生、惧怕，转变为亲密、喜爱了。

神秘化的退却，正是生活化的进步。

至于20世纪80年代的香港电影《九命猫妖》（又名《凶猫》）中，虽有"茅山道士"的中国元素，但其"猫有九条命"的关键传说，在中国古代并没有。很多人以为"猫有九条命"是中国原有的传说，钱歌川（1903—1990）甚至引用来历不明的"《佛经》"和"佛经《上语录》"来证成此说。

"猫有九条命"是西方传说，大概民国时期才被译介过来。1937年，周作人《赋得猫——猫与巫术》已明言之。许地山《猫乘》（原载1940年《香港大学学生会会刊》）说："欧洲人以为一只猫有九条命，因为它很难致死。这话在文学上用得很多。德国的谚语甚至有'一只猫有九条命，一个女人有九只猫的命'，表示女人的命比猫还要多几倍。"

〔清〕《点石斋画报》之《狸奴作祟》

猜不透的是你——志怪文献中其他的猫

　　中国"志怪"文化中，被记录的某些内容，真的就是"怪"，而不是"妖"。"妖"是经修炼而来的异物，但"怪"就真的只是奇怪而已。我们之前有《中国本土猫妖传说》，已经对猫妖及相关内容进行了一番梳理。但还有一些内容，无关于"修炼"，只是因为"反常"而被古人记录下来。

　　这些内容大多缺乏故事性，只是一些只言片语，好像也没什么深刻的哲理之类的东西蕴含于其中。我们把它们拿出来进行梳理，最后肯定也得不出什么结论。拿出来梳理的原因，一是这些怪谈在古书中常见，我们在了解古代文化时不得不面对。二是这些内容，或多或少的，能满足一下人们的猎奇欲吧。

吉凶妖祥

　　面对一些"反常"的事物，古人总是觉得那是上天用一种特殊语言在告诉我们什么，比如日食发生就是象征着亡国等。有些还是有道理的，比如井里冒泡预示着地震发生等，但大多数恐怕只是人们异想天开。

虽然在今天的我们看来是异想天开，但古人记录的相关内容却可谓汗牛充栋，而且跨时长，影响大，甚至今天仍然有很多人保留着这套荒唐思维。其中自然也有很多跟猫有关的内容。

据《汲冢琐语》记载，晋平公乘车出游于浍水畔，偶见一乘，其车后有一条狗，狸身而狐尾。只见这条狗逐渐离开那辆车，跑到晋平公的车这边来了。

晋平公就问博学多识的师旷："世上有狸身狐尾的狗吗？"

师旷沉默了一小下，然后说："有啊。首阳山神就有条狸身狐尾的狗，名叫'者来'。首阳山神到霍太山上饮酒归来，住在浍水边上。人见到了这狗，主大吉大利。看来国君您要走运。"

这个故事中，狸猫的比重虽然很小，但故事背景和记录年代是春秋战国时期，这在诸多记载中是最早的。

类似的内容，也出现在《山海经》中："有兽焉，其状如狸，而白首虎爪，名曰梁渠，见则其国有大兵。"

汉代谶纬之学大行。纬书《河图说征示》曰："狸三头，名曰孽，孽见则女害。"说天下如果有三只头的孽狸降生，那宫廷之中就会有女主乱政。这个说法当然是异想天开，但巧合的是跟清代小说中"狸猫换太子"的故事有一点点像，其中都有狸猫和女主。

西汉年间有一个玩这些吉凶妖祥之学玩得很厉害的"易学大师"，名叫京房。京房就说过："众鼠逐狸，兹谓有伤，臣代其王，思为乱，天辟亡。"说多只老鼠追着狸猫跑，预示着臣子将取代君王，天下大乱。

《史记》中有《封禅书》，《汉书》中有《五行志》，《宋书》中有《符瑞志》，史书中多有专门记载这些内容的篇章。

早期中国文化中，猫不是那么重要，所以隋朝之前的正史中几乎没有关于猫的妖祥记载。到了开始普遍养猫的唐朝，情况就不一样了。《新唐书·五行志》"鼠妖"部分有如下内容：

> 龙朔元年十一月，洛州猫鼠同处。鼠隐伏象盗窃，猫职捕啮，而反与鼠同，象司盗者废职容奸。
>
> 弘道初，梁州仓有大鼠，长二尺余，为猫所啮，数百鼠反啮猫。少选，聚万余鼠，州遣人捕击杀之，余皆去。
>
> ……
>
> 天宝元年十月，魏郡猫鼠同乳。同乳者，甚于同处。
>
> 大历十三年六月，陇右节度使朱沘于兵家得猫鼠同乳以献。
>
> 大和三年，成都猫鼠相乳。

罗贯中《隋唐野史》中，便有"王世充借粮背德"的回目化用这些史上的猫鼠传闻，说王伯当、李密、王世充等人之事：

> 伯当领命行至仓所，比及军士启钥之次，只见仓内耗鼠蜂涌而出，其鼠背生两翼，遍体鱼鳞，赤毛突眼，尖牙快食，咆哮走壁而飞。三三两两，约有五七百数，滚滚仓中，掷梭而走。伯当一见大惊，随令军士各持木棒，向前乱打。其鼠合群飞起，集于屋椽之上，自相呼唤。军人曰："此怪物也！然逐鼠者必猫也，岂我等以木而能打乎？"伯当以实还告于密，密惊曰："何有此异事也？"遂遣何良、周侃二将，带军士迳向金墉城内，排门遍户，索取狸猫数百，各令送纳仓所。军士去不多时，皆取将猫来，放入仓内。只见其鼠与猫打将团来，犹如一母共产。俄而飞尘扑面，仓内米皮旋风而起。众军士视之仓内之粟，十去八九，虽在徐粟，杂以鼠粪而已。丽泉诗云：猫鼠同群事可疑，伯当枉自用心机。皆因李密时衰塞，千载令人倍惨悲。……左右问故，世充曰："猫鼠同群，阴阳反覆，此不祥之兆也。国家将兴，必有祯祥；国家将亡，必有妖孽。今妖孽已见，李密亡在目下，此时不取，更待何时。今粮十万斛，军士供馈亦足，亲帅一旅之师，乘其不备，掩而袭之，如拾芥矣。"

残形操

《残形操》是一首古曲，最早的记载见于《琴操》。《琴操》的作者，一般认为是东汉末年的大学者蔡邕。《琴操》的内容比较民间化，但其故事选题却大都出自先秦。其中"操"是一种地位比较高的音乐形式，义取自操守。"操"之上有"歌诗"，之下有"引"和"河间杂歌"。"十二操"的选题，大多比较高端。如《猗兰操》，即说是孔子自伤生不逢时所作。

但这首《残形操》真的很奇怪。《残形操》是孔子的得意弟子曾子所作。话说曾子在室内鼓琴，墨子（或作"崔子"）站在外面听。一曲奏罢，墨子入内说："善哉鼓琴！身已成矣，而曾未得其首也。"

曾子说："吾昼卧见一狸，见其身而不见其头，起而为之弦，因而残形。"曾子说的是他的白日做梦，梦见一只狸猫，但见其身而不见其首，所以曾子醒后用一支琴曲把这件事表现了出来。

这事非但和修齐治平无关，而且和吃喝拉撒也无关。曾子为何会煞有介事地用琴曲的形式把它表现出来呢？后人又为何煞有介事地把曾子的这首琴曲及事迹传下来呢？

《琴操》中所载古琴曲，大多配有歌词。《残形操》却没有相应的歌词流传下来。但自韩愈始，很多人拟写过《残形操》的歌词。是为怪中之怪，同时这也算是现象级的"咏猫诗"了。所以今将所见全录于此，计九首：

〔唐〕韩愈：有兽维狸兮，我梦得之。其身孔明兮，而头不知。吉凶何为兮，觉坐而思。巫咸上天兮，识者其谁。

〔宋〕曹勋：狸之文兮，蔚乎其成章。身之孔昭兮，而其智之不扬。维元首之昧昧兮，而股肱孰为其良。吁嗟乎，狸之祥兮。非吾之伤兮，其谁为伤。

〔元〕杨维桢：（退之作《残形操》，末语曰"巫咸上天，识者其谁"。余以其词尚欠归宿，不如《拘幽》《将归》二操语可咏也。遂为之补曰：）我梦有兽兮，其兽曰狸。狸有怪兮，身首异。而告我以凶兮，戒而戒而。我丘有首兮，誓死完以归。

〔明〕刘炳：梦生于触兮，狸偶异形。吉凶有定兮，梦胡足凭？嗟嗟巫咸兮，不疑何征。

〔明〕朱右：狸维兽，不见其首。我梦之形，吉凶曷究。式协于占，载观其繇。曰修尔躬，自天之佑。

〔明〕王世贞：有梦维狸兮，而残其形。吉兮胡祥灾兮，而使我怦营。临深渊兮履薄冰，奉先人遗兮敢隳成。

〔明〕胡应麟：梦之憧憧兮，厥形维狸。形之蚩蚩兮，胡首则遗。茫茫吉凶兮，畴克我期。皇皇昊穹兮，庸豁我疑。

〔清〕边连宝：狸何来兮入予梦，首不见兮身孔明。命大人兮占其祥，端龟策兮告于凶。汝弗戒兮丁汝躬，戒复戒兮祸其襄。

〔清〕汤鹏：彼麟之角兮，彼凤之味。今非其时兮，不我以俱。胡为乎狸兮，身首模糊。吉凶在天兮，无以梦也愚。

至于这些诗作，古人自有鉴赏。

如清代贺裳说韩愈诗"如思如疑，妙得恍惚之景"（《载酒园诗话》），意思大概是这诗让人读不明白，所以有种朦胧美吧……

清代何焯则说："'未得其首'，盖叹明王不作也。"理虽未必，但总归是有那么一点点可信，足化臭腐为神奇。

伪孝伪义

如前所述，"猫鼠同乳"等典故，在唐代就已经出现了。猫鼠同乳事在唐代及以后，出现了不止一次。或以为吉，或以为凶。崔祐甫固已辨之，但愚人仍好之不辍。猫鼠同乳、猫鼠一窝之外，猫猫互乳，猫犬互乳，成为人们新的兴奋点。

约唐武周时期，河东"孝子"王燧的家中，就出现了猫犬互乳其子。所谓的"互乳"，这里指母猫哺育小狗，母狗哺育小猫。州县官员"听说"此事之后，对王家进行了嘉奖。意思是王家之所以出现这种"祥瑞"，是因为王燧的大孝，于是倡导全民学习王燧好榜样。

而事实上只不过是王家的猫犬同时产崽，家人把小猫放入狗窝，又把小狗放入猫窝，猫狗各自习以为常罢了。

此事见于《朝野金载》，作者同时评价道：可知世间所谓的"连理木""合欢瓜""麦分歧""禾同穗"，都是同样的把戏，类似的事情确实有许多，都是人的故意造作，不足为奇。此可谓通达之言。

《智囊补》收录此事，列于"伪孝"，因王燧伪造祥瑞，进而怀疑其孝。其实王燧的"孝"或许有点可能，但这个"祥瑞"就完全是假的了。

然而难以置信的是，古人这方面的记载非常之多。如《旧唐书·李迥秀传》就说："所居宅中生芝草数茎，又有猫为犬所乳，中宗以为孝感所致，使旌其门闾。"

王燧事较早，但记录者同时记录其伪，后来者却多将类似的事当作真事来记载，令人叹息。

类似的事，大文豪韩愈竟然也未能免俗。韩愈有一篇《猫相乳说》的短文，讲的是：

北平郡王马燧家的两只母猫，同日产子之后，其中一只母猫不幸死去。将死之时，自己的两只小猫还在吃奶，这只母猫就发出"咿咿"的叫声，甚是凄惨。另外一只正在哺乳

〔清〕朱耷《猫石图》

的母猫好像听到了什么，然后竖起耳朵来，最后来到失去母亲的两只小猫这边，先后把它们叼进自己的窝里，当成自己亲生的猫一样哺乳。

然后韩愈感到非常的惊异，说猫是人养的，如果不是主人有仁有义，就不会感染到猫。然后又说北平王各种仁义，文治武功，等等。又假托"客曰"，说什么因北平王功德如此，才有家中祥瑞如此。

其实，所谓的猫猫相乳也好，猫犬相乳也好，只不过是自然现象，跟人的功德没有任何关系。

韩愈受北平王之恩而有此文，也在情理之中，后人读之，切莫信以为真。

后世多有《义猫传》《义猫诗》，将人类情感、道德，

捆绑于家畜或宠物，实在是可悲。

　　然而如果没有寄托、附会，不在猫身上看到自己想要看到的东西，那么人类又为什么会这么喜欢猫呢？所以这个"度"的问题让人难以把握。

见怪不怪

　　三国曹丕《列异传》里说，当时庐山附近经常出现数以千计的成群野鹅。说当时长老传说，曾经有一只狸捕食野鹅，第二天，人们见到那只狸在沙洲上不断哀嚎，就像被拴在那里一样。

　　这个传说中，野鹅似乎具有了某种法力，可怜的狸猫从捕食者，一变而成了囚徒。

《搜神记》记载：

元康、太安年间，长江与淮河中间地带，路旁常见破败的草鞋，多的时候竟然一次有四五十双。有人把这些草鞋散开，丢到各处树林和草丛中。但第二天发现，那些草鞋又全部回到了原来的位置。有人说他见到是"猫衔而聚之"。（这里有唐前难得可见的"猫"字。但《晋书》转引此事时，仍作"狸"字。）

然后作者借世人之口发了一通神奇的议论："草鞋，是人衣物之中的贱物，象征着劳苦和屈辱。破败，象征着处境十分困难。道路，是用来使四方交融贯通的，是王命往来之所经过。现在破败的草鞋聚集于道路之旁，就象征着底层的民众困穷不堪，将会聚集作乱，断绝四方，阻断王命往来。"

传说南朝宋元嘉十九年（442），一个叫留元寂的长山人，曾捕获一只"狸"。他把这只狸剖开后，发现里面还有一只，再剖开发现还有，第三次剖开才见到五脏。这三只狸相互包裹，犹如今天我们见的俄罗斯套娃。（此狸似乎可名为"留元寂套狸"。）

留元寂把三张狸皮铺开一看，又发现三张皮大小一样，真是奇中之奇。但留元寂自己没觉得有多奇怪，只是把狸皮挂在屋后，也没怎么上心。

这天夜里，有一群狸绕着留家号呼，最后那三张狸皮就不知所踪了。留家也没有发生别的异事。

事见刘敬叔《异苑》。

这个故事告诉我们："见怪不怪，其怪自坏。"

《异苑》又记：丹阳县有一个产妇，生下一个男孩，还有一只虎和一只狸。狸和虎毛色斑黑，牙爪皆备。家人立即将狸和虎杀掉，那男孩也在六日之后莫名夭折，但母亲却没有其他异样。

古人类似奇怪记载还有很多，后面就不再一一列举。不知他们在搞什么，但其大体思路是：奇怪的事物出现，大多预示着吉祥或妖凶。但君子修德，见怪不怪，吉则愈吉，凶则自败。

最后说一个有趣的。

《履园丛话》记载：清乾隆庚戌年（1790），时任江苏巡抚的闵鹗元，一度有升任到京师的希望。当时闵府里养的有一只猫，因毛色洁白如雪，而为闵大人所爱。公务之余，闵鹗元都会把它放在膝头爱抚一通。

这天，闵鹗元发现猫尾巴上隐约长出红斑，三四天之后，猫通身都变得纯红了。闵鹗元为之大喜，把猫抱给手下炫耀。手下都以此为祥瑞，纷纷说这是升迁的象征。没想到几个月后，闵鹗元却被人告了下来，随后被逮捕。

《履园丛话》说当时冯墨香外翰就在闵府，亲眼所见其事。

可见自己为非作歹，"祥瑞"也不兆吉。

猫出人言

历代宦官常常给人一些不好的印象，但宦官中自然也会有好人，唐代的严遵美就是其中翘楚。严遵美当晚唐昭宗之时，任职左军容使，曾叹息宦官肆横，宰相失权，常自思退隐。

这天忽然身染狂疾，手舞足蹈，不由自主。当时有一猫一犬，猫竟然开口说道："大人不正常啊。"犬说："不要管他。"不一会儿，严遵美狂疾退散，恢复了正常。但家人和严遵美都对猫犬开口说话感到奇怪。

后来赶上昭宗被劫持到凤翔，严遵美无力回天，也不想跟恶贼同流合污，于是辞官来至汉中，最后隐居于剑南青城山下，年过八十，而得善终。

事见《北梦琐言》。

此处猫犬人言，大概被严遵美等认为是唐国将亡，或者严遵美再不辞官将会有祸端的象征，所以严遵美才辞官。

古人以为动物开口出人言为异象，常被视为天意垂示，故多有记载。但事涉于猫者，以此为首。

同时或稍晚，徐州有一个冒牌道士叫王守贞。王守贞有家室，也不住在道观，行为极其粗鄙放荡。这天他偷了道士所佩带的符箓回家，放在床上，又盖上了女人的衣服。这在宗教视角内，是对神明极大的亵渎。所以，王守贞很快出现了各种怪异，比如灯架自行，猫儿说"莫如此，莫如此"。

没过几天，王守贞夫妻就都死掉了。

事见《玉堂闲话》。

宗教我固然不信，只因古有此说，所以姑且译介如是。

宋代鄱阳（治所在今江西鄱阳县东北）人龚冕仲，曾经介绍说其祖父龚纪当年与族人一同去考进士时发生的事。

说当时龚家各种妖异一时同现，比如一会儿母鸡在早上打鸣，一会儿狗带着头巾走路，一会儿老鼠在白天群体出洞，至于各种器皿用具，都改变了以往的存放位置。家人因之惊惧不已，于是找来女巫徐姥求救。

当时尚是寒冬，主人和徐姥就靠着炉火对坐着，炉旁趴着一只猫。家人指着猫对徐姥说："我家各种东西都在作妖，不作妖的只有这只猫了。"话音未落，只见猫儿也像人一般两腿着地，前爪如拱手，开口说道："不敢。"吓得徐姥拔腿跑掉了。

后来，龚纪和同族那举子高榜得中的消息就传到家中。于是人们才知道，所谓的"妖异"未必预示灾祸。

事见《续墨客挥犀》。

清代人喜欢这种猫开口说话的传说。

《夜谭随录》中有"猫怪三则"，非记猫妖，而是记猫出人言。

第一个故事的主角是"某公子"，没有姓名。读到这个开头，我们就可以大概猜到，这个故事中主角的人格很可能不被作者认可。

话说这个某公子家境殷实，父母健康，可谓幸福之家、小康之家。他家养着不止十只猫，这只叫乌圆，那只叫白老的，好不热闹。每次喂食时，喵啊咪的充满双耳。猫儿们吃得好睡得香，习以为常。

这天，夫人在房中呼唤丫鬟，无人应答，然而忽然听到窗外有人替她呼唤丫鬟，音色甚为奇异。公子拉开帘子一看，四下无人，只有一只猫蹲在窗台上，回过头来看着公子，面有笑容！公子为之大骇，入报其母。于是全家出动，围住那只猫，开玩笑般问："刚才叫人的，是你吗？"只听猫真的开口说："然！"众人一片哗然。

公子的父亲以为不祥，忙命人捉猫。猫却说："不要捉我！不要捉我！"说完一跃上房，消失不见，好几天没有出现。

后来丫鬟喂猫时，发现这只怪猫又出现在猫群中，于是众人终于将之捉获。公子先是把猫打了一顿，然后从父命，把猫装到米袋中，准备扔到河里。结果猫奇迹般逃了出来，跳到交椅上，怒视其父，眦眦欲裂，张牙舞爪，厉声骂道：

"老不死的！竟然还想淹死我。在你家你算个老的，要是你在我家你连个孙子都算不上呢！你家马上大祸临头了，你不知惊怕，还想着谋杀我！你怎么不反省反省自己的所作所为，对得起天地良心吗？就你那点微不足道的能力，侥幸得些高官厚禄，竟然贪污腐败，鱼肉百姓！你做官二十年，草菅人命有几回了？你还数得过来吗？你还要安度晚年？我看你就是痴心妄想！你简直人面兽心，实为人中妖孽！反而有脸说我是怪？真是天大的怪事！"

接着，猫还骂了很多难听的话，连带公子全家都骂了进去。结果自然是惹得全家不满，人人动怒，都出来抓猫。可是一团忙碌之后，猫非但没有被抓住，反而把家中搞得一团糟，古玩家私，损失甚多。最后，猫轻蔑地笑道："走咯，走咯，你马上就家败人亡咯，我不跟你们置气咯。"

猫走后的某一段时间内，家中因瘟疫而死的每天有三四个。再后来公子也因事罢官。两年之内，几乎全家死光，只剩下公子夫妇和两个下人，财产也被用尽。

第二个故事，是说某户人家喜欢养猫，其中一只猫忽然开口作人言。众人大骇，把猫绑起来鞭打，拷问缘由。猫说："猫都会说人话。但猫说人话犯忌，所以都不敢说。现在我一时不慎，开口说了话，现在后悔莫及。凡是母猫，就没有不能说话的。"

这家人不信，于是又捉住一只母猫如法拷打，让猫说话。一开始这只母猫只是嗷嗷叫，用眼看之前的猫。之前那只猫说："我都招了，你更扛不住打了。"于是后来这只猫也开口作人言，求人莫打。这回家人才相信猫能说话，于是把猫放了。

后来这家中也有很多不祥之事。

第三个故事倒是有一点点浪漫。

说的是有一个姓舒的护军参领，喜欢唱曲，行立坐卧，时刻哼唱。这天，舒某与友人在室内对饮，时至二更，二人仍然酬唱不断。忽然，隐约间听到户外有小声唱《敬德打朝》。（所谓"敬德打朝"，讲唐朝尉迟敬德死谏太宗李世民，是"薛丁山征西"故事中的一小段，至今地方戏中仍在传唱。）

仔细听，唱得字字清楚，合拍协律，妙不可言。

舒某手下有一个小童子，素来不懂音乐。这下忽然听到户外的声音，却非常感兴趣。他悄悄来到外边，想一探究竟。最后发现，唱曲的竟然是一只猫，在月下如人而立。

跟着来到外面看到这一切的舒某，惊呼其友来瞧。这时猫已然发觉，于是跳到墙上。人用石子投猫，猫便一跃而走，但猫的唱曲声仍从墙外传来。

可惜啊，爱唱歌的舒某，竟然没有引同样爱唱歌的猫儿以为知己。

清末的《履园丛话》里，也记录了两个相关传说。

第一个说的是，清代文学家王士禛的后代昌盛，旧宅一直保存着，他家有一只猫还能说人话。这天猫在榻上睡觉，有人问它能不能说话。猫回答道："我能不能说话，关你何事？"说完就消失了。

嗯，这是一只高冷的猫儿。

第二个说的是，江西某统帅的府邸中，有两只猫在对谈，被统帅偶然撞见，统帅就想把它们都捉住。但只抓住一只，

〔清〕《点石斋画报》之《猫作人言》

169

另一只跳上房子跑了。被捉的猫儿说："我活了十二年了（古代猫活十二年算是高寿了），怕人惊怪，所以不敢说话。您如果能放过我，就是您的大德了。"统帅看它言辞恳切，也无恶迹，就把它放了。后来也没有发生其他怪异。

古代可怜的猫儿，身为畜类却口吐人言，就是它的错……

摒猫勿见

人在进行某些神秘活动的时候，总是不希望被打扰。

早在唐初的《千金翼方》中，就说到在某些药方的采集中，"勿令妇女小儿猫犬见之"（第二十四卷），意思是如果被猫等打扰，药效就会减弱甚或失去。

后世自有"不可与妇人鸡犬猫厌秽物见之""忌见鸡犬猫畜""忌一切生人男女猫犬鸡畜见"，种种迷信，多见于医方。

北宋著名诗人陈师道突发灵感时，马上就要回家躺床上拿被子蒙住头，称为"吟榻"。家人见了，都会纷纷躲避，甚至猫狗都要给赶跑，小朋友更是要抱到邻居家先待一阵，然后派人小心翼翼伺候着陈师道。一直到诗写完，猫狗儿童等才能回家。事见《文献通考》引叶梦得说。《随园诗话》评论道：此即杜少陵所谓"语不惊人死不休"也。

宋初有个道士名叫许遨，擅长"幻术"。每次给别人烧制仙丹，都会开一个很高的价码，然后让人自己看守丹炉。但每次烧到七七四十九天，仙丹眼见可成之时，必定有一条狗追着一只猫，看似无意地将丹炉撞毁。炉毁之后，人还能看到有一对仙鹤从炉中飞出。因为每每如此，所以许邈得了个外号叫"化鹤丹"。事见张君房《乘异记》。

又传说东坡之弟苏辙也曾经修仙炼丹，这一天苏辙准备了一间超级密室，室内置办一个丹炉，正准备生火炼丹，忽然看到一只大猫靠着丹炉撒尿。从此之后，苏辙便熄灭了修仙的心思。事见刘延世《孙公谈圃》。

虽然许邈和苏辙的故事未必是真的，虽然古人摒猫思维多少有些迷信色彩在其中，但是我想：养猫的人对被捣蛋猫坏掉事情，应该确实有相当多的切身体会吧。

解猫之梦

黄汉《猫苑》中，大量引用《梦林玄解》中有关猫的内容，并且说：《梦林玄解》一书，晋代葛洪原著，宋代邵雍续辑，到了明代又由陈士元增补成书，最后达到几十卷之多，明末刊刻，清修《四库全书》没有收入。其书内容始于《周礼》，宗法"长柳"占卜术，引用经史典籍，触类旁通，玄妙的解读灵验警醒，发人深思，有助于世风教化。我得到这套书后，常常用来占梦，都有应验。

可以说对这本书推崇备至。

迷信这些，固然是《猫苑》的一个污点。最近有的《猫苑》版本，把这些解梦的内容通通删去了，大概也算一种明智之举。（顺便一说，《梦林玄解》应该就是明末人编定的书，所谓晋宋都是假托。）

本着批判的态度，我们来看一下这些解梦内容：

> 凡梦见虎斑猫的，是阳侵袭阴的象征。虎斑猫进屋主吉，从屋里往外窜主凶。走了又回来的，预示着得人心。

> 凡梦见狮子猫的，大吉，是长久享福的象征，预示着家中将出现勇敢又讲公义的人。做此梦者，可能真的会获得梦中出现的佳猫。

> 凡梦见猫趴在堂屋的门槛上的，吉。据《朝野佥载》记载，唐朝的荆州刺史薛季昶，曾梦见猫趴在堂屋的门槛上，头朝向外。找算卦先生张猷占此梦，张猷说："猫代表爪牙，趴在门槛上代表边境上的事。这些强烈预示着，你会掌管军事要职。"没几天，薛季昶果然被任命为贵州都督、岭南招讨使。

> 凡梦见猫鼠同眠的，是"君不君，臣不臣，父不父，子不子"的梦，预示着有人将犯上作乱。在这个时候生下的小猫，也都是无用的劣等货色。

> 凡梦见群猫互殴的，预示着晚上有人打仗，但自己

〔清〕杨家埠年画《狸猫山》

不会遭遇患害。如果梦见自己家的猫被别人家的猫咬伤，预示着仆人有灾。

凡梦见猫捕鼠的，预示着发财，但需要防范儿子和儿媳妇的灾祸。姓褚之人得此梦者最当忌讳，因为它预示着去跟南蛮打仗回不来。

凡梦见猫吞吃活鱼的，预示着成家立业，手下人人有干劲儿；如果去山东做买卖，那更预示着发大财。原文是："梦此成家立业征，手下人人有志诚。若还买卖山东去，千金利息贵前程。"

凡梦见猫吞吃蝴蝶的，恐怕有阴险自私的小人陷害正人君子。原文是："蝴蝶是个梦中魂，如何梦里被猫吞。猫儿不是阎家鬼，只恐阴私害正人。"

简直是一派胡言。

猫不入诗

中国古代有所谓"猪不入画"的习俗，是说在绘画中很少能看到对猪的表现。《履园丛话》"画猪"条引用某人说：画牛羊犬马等动物的，各有其专家，但你见过以画猪闻名的吗？

猪不入画的原因，无非是因为古人以为猪不雅。

猫在诗中的命运，与猪在画中的，有一点点相似。说"猫不入诗"固然太过夸张，但早期中国古代诗歌中，确实较少有涉及猫的内容。

先秦时期的涉猫诗歌

《诗经》中"猫"字一见，《大雅·韩奕》第五章说西周时期的韩国（国都当在今河北固安东南之韩寨营）物产丰富，提道："孔乐韩土，川泽訏訏，鲂鱮甫甫，麀鹿噳噳，有熊有罴，有猫有虎。"

整章诗颇有"老嫂子你到俺家，尝尝俺山沟里大西瓜"的意味，而句中这种穷举罗列式的文法，当然也算不得十分高妙。只因这句诗在经书中，所以广为人知。

除了"有猫有虎"，《诗经》中还有一篇实际提到了猫，这就是《豳风·七月》："一之日于貉，取彼狐狸，为公子裘。""一之日"指夏历十一月。

古时"狐"（主要指赤狐）与"狸"（主要指豹猫）各为兽名，唐时孔颖达尚分别明确。只因相似，故"狐狸"常常连在一起出现，明清以来遂以"狐狸"偏指"狐"。这一点很多人搞不清楚，所以在《七月》这首诗中，狸猫常常被人视而不见。以至于虽然《七月》本身的文学性较高，但猫却未尝因之扬名。

《荀子》引《诗》云："墨以为明，狐狸而苍。"今本《诗经》中也没有这句话。

墨是黑色，黑色是暗色，不是明亮的颜色，不可"以为明"。狐本是黄色，狸则黄地黑斑，苍是"草色"，总之狐、狸之色非苍色。这句诗的大意就是颠倒黑白、指鹿为马。

古诗中有《狸首》一篇，今《诗经》中不存，但古书如《礼记》《韩非子》《孔子家语》等处处有其名。古人多解其"狸首"之"狸"为"不来"，而《礼记》中原壤所唱，却让人怀疑"狸首"之"狸"就是"狸猫"。当然古书中也没有说原壤唱的就是古《狸首》之诗，两者可能只是巧合。

《礼记·檀弓下》记载：孔子有个老朋友叫原壤，原壤的母亲亡故之后，孔子帮他整治棺椁，原壤却爬到树上说："我好长时间没唱歌抒情啦！"接着唱道："狸首之斑然，执女手之卷然。"然后孔子对原壤的疯癫行为采取了视而不见的态度。

豹猫（先秦时期普遍意义上的猫、狸）身上有斑略似于豹，故名。"狸首之斑然"，直译就是"狸猫头上斑斑然"，这里应该是用斑斓的狸首比喻斑斓的棺椁。而"执女手之卷然"，是说原壤握住孔子（"女"通"汝"）的手，觉得孔子很亲切。

〔明〕文俶《金石昆虫草木状·狸》

虽然这两句歌词比较费解，但从中我们还是能够明显读出，这里的"狸首"，就是狸猫的头，而且歌中道出了古人认知中的狸猫的一个重要特点即"斑然"。

无独有偶，《楚辞》中也有类似的说法。

《山鬼》："乘赤豹兮从文狸，辛夷车兮结桂旗。"是说美丽的女神"山鬼"出行时，以红色豹子为坐骑，而斑斓的小狸猫在前面开路，以木兰做车，又编织桂枝为旗帜。

"文狸"即文彩斑斓的狸猫，与"狸首之斑然"同趣。

《山鬼》中的狸猫，是作为美丽女神的小跟班的身份出现的。辛夷与桂皆是香草，赤豹、文狸同为异兽，四者与美人交映生辉。

总之，《山鬼》"乘赤豹兮从文狸"是中国诗歌中第一次出现浪漫的猫儿意象。

秦汉魏晋南北朝之间的"猫诗"

西汉元帝时期史游《急就篇》，是一部学生识字课本，就相当于后世的《千字文》。你说它是诗，其实很难说通。但清修《全唐诗》中便有同类型的《蒙求》，所以我们这里也仍勉强把《急就篇》当儿歌说一下。

《急就篇》中有一句："狸兔飞鼯狼麋麐，麇麢麖麚皮给履。"①

可以看出，他就是罗列这些生字，简单地串通一下。其中的"皮给履"是"皮革用来满足制作鞋子的需要"的意思，剩下的都是动物名。

王逸《九思·怨上》中有"鸳鸯兮噰噰，狐狸兮徵徵"一句。徵音 méi，徵徵为相随之貌。这句话是说鸳鸯相和而鸣，狐、狸相随而行，以形容作者所处的野外环境是多么的荒凉。

《九思》艺术性不高，素来受人诟病。而这句"狐狸兮徵徵"中的狸，也不过是与狐一起作为野兽的类型化形象而已。

后世说到狸的辞例，相当多都是这种类型化形象，也就是说他们虽然提到了狸，但狸在句子中没有任何个性可言，甚至可以直接理解成"一种野兽"。

狸猫这种动物，早先古人多称之为"狸"，后来古人多称之为"猫"。而"狸"常跟在"狐"的后面出现，久之"狸"的存在感越来越弱，这种现象在需要趁韵凑字的作品中更加明显。王粲《七哀诗》"狐狸驰赴穴，飞鸟翔故林"等同理。

东汉顺帝汉安元年（142），张纲等八位官员受命到各

---

① 麋，即俗所谓"四不像"。麂，音 jǐ，今作麂。麇，音 jūn，俗称"獐子"。麈，音 zhǔ，一种尾巴较大的鹿。麖，音 jīng，又名水鹿、马鹿。麀，音 yōu，母鹿。

地巡视民情，考核官吏。其他七位出发后，张纲却将自己的车轮埋在京城洛阳的驿馆旁，说："豺狼当路，安问狐狸？"意思是说，当时朝廷里有梁冀这样的奸贼权势熏天，所以查办下面的小案便无意义。张纲当即上书皇帝，揭露梁冀兄弟罪恶十五款，震动京师。

这便是历史上有名的"豺狼当路，安问狐狸"的典故。

其中的"狸"自然也是类型化的野兽。特殊的是，这里的"狐""狸"表现出了体型相似，但都比豺狼小的特点。

这个典故，屡次出现在后来的歌谣与诗中，如东汉末年的《时人为郭典语》"几令狐狸，化为豺虎"，晋代傅玄《放歌行》"但见狐狸迹，虎豹自成群"，潘尼《迎大驾诗》"狐狸夹两辕，豺狼当路立"，南朝梁代刘孝绰《和湘东王理讼诗》"禁奸摘铢两，驭黠震豺狸"等。

古人斗鸡时，有时会将狸膏（狸猫的油脂）涂在自己的鸡的头上，以为这样能使对方的鸡产生畏惧情绪。《庄子》佚文中提到，庄子对惠子说：羊沟这里养的斗鸡，三年就会成为魁帅。它看着像是不怎么样，但却能够屡屡斗胜，那是因为头上涂有狸膏。

愿蒙狸膏助，常得擅此场。（曹植《斗鸡诗》）

陈思助斗协狸膏，郈昭妒敌安金距。（刘孝威《鸡鸣篇》）

狸膏熏斗敌，芥粉墍春场。（庾信《斗鸡诗》）

猫以这种情况出现在诗句中，实实会令今天的猫奴感到不爽。

不过鸡的嗅觉其实很不灵敏，狸膏对斗鸡应该没有实际的效果，只能给某些愚蠢的人类以些许幻想罢了。

汉《易林》皆用韵语，做卜筮之词。今勉强将筮词也算作诗歌予以考察。

贲贝赎狸，不听我辞。系于虎须，牵不得来。（《需之睽》等）

三狸捕鼠，遮遏前后。死于环城，不得脱走。（《恒之升》等）

狐狸雊兔，畏人逃去。分走窜匿，不知所处。（《睽之大有》等）

鸡雊失雏，常畏狐狸。黄池要盟，越国以昌。（《解之益》）

操笱搏狸，荷弓射鱼。非其器用，自令心劳。（《艮之姤》）

上山求鱼，入水捕狸。市非其归，自令久留。（《履之贲》）

这些筮词大多在可解与不可解之间，以附会问卦者的心理，"你心里需要什么，它就是什么意思"，不过是一些语言迷雾或说文字游戏。这与"缘情而绮靡"，追求语言美与情感宣泄的诗歌，其实有着相当的差距。

卜筮者用韵语，当然不始于汉，《周易》中便有大量类似的内容，但《周易》与狸猫无涉而已。

倒是传说是"商代《易经》"的《归藏》中，说到夏桀欲伐唐，于是问卜于荧惑，荧惑说出了这段筮词来劝阻他：

> 不利出征，惟利安处。彼为狸，我为鼠。勿用作事，伤其父。

《三国志》中记管辂的一段故事，也有一篇筮词，却稍有理趣。

当时清河令徐季龙派人去打猎，又让管辂占算当事人能猎获什么。管辂说：

> 当获小兽，复非食禽。虽有爪牙，微而不强。虽有文章，蔚而不明。非虎非雉，其名曰狸。

捕猎的人在傍晚归来时，果然如管辂所言，猎回一只狸猫。

我们这里不去分析故事真伪，单说一下他的这段筮词。这段筮词如《易林》般四字为句，但却不似《易林》般押韵。[①]但这段筮词的中心却落在了"狸"上面，可以说是现今可知历史上第一篇专门描述猫儿的作品。中间说到了当时狸猫的野生特征，又说到了狸以爪牙著称，于兽之中为小，身上有隐蔽的花纹等特征。

顺便一说，这个"易学大师"管辂，有个外号叫做"狸首"，或称"狸头"。传说当年管辂与兄弟管儒二人一同进州城应召，来到武城西面时，管辂自占一卦，说："我们将要在老城中见到三只狸，这预示着咱们兄弟前途一片光明。"二人来到河西老城的城角处，果然见到三只狸一起蹲在那里，于是兄弟二人都非常高兴，后来他们也确实发达起来了。管辂兄弟共三人，长为辂，次名辰，季名儒，所以管辂被称为"狸首"。

约成书于晋代的《灵棋经》中也有类似的筮词：

> 雄鸡昼鸣，登屋延颈。雌在墙下，为狸所惊。绝声来赴，得免损倾。

---

① 或说古音可通。兽属幽部，禽属侵部，牙属鱼部，强属阳部，章属阳部，明属阳部，雉属脂部，狸属之部。脂之通转。也就是说，至少第四五六句押韵，七八句押韵。但前面三句就似乎难以说通了。

〔清〕汪奎《桃源图卷》纳纱绣（局部）

唐诗中究竟有多少与猫相关的内容

宋人罗大经有《猫捕鼠》一诗，以猫鼠影射武则天[①]：

> 陋室偏遭黠鼠欺，狸奴虽小策勋奇。
> 拖喉莫讶无遗力，应记当年骨醉时。

清代贺裳《载酒园诗话》评价此诗说："猫捕鼠本俗事，不足入咏，得此映带遂雅。"是说猫捕鼠这种寻常事，不值得被写入诗中，只因罗大经用到了武则天的典故，所以显得有些雅致。

"猫捕鼠本俗事，不足入咏"，即我所谓"猫不入诗"。这种情况在宋以后自然是不符合事实的，但在唐诗中涉及猫的内容确实不多，写得好的更是少之又少。此即《猫苑》中所说的"唐人咏猫诗甚少"。

检索清修《全唐诗》可以看到，有"猫"字的不过十三四篇。今知"狸"即猫之别名，又有《全唐诗补编》等可据，总结

[①] 武则天害王皇后与萧淑妃，断其手足，投于瓮中。萧妃咒曰愿自己托生为猫，阿武托生为鼠，以生生世世断其性命。参考《大唐长安的狸猫魅影》，浙江古籍出版社"知·趣丛书"《志怪于常：山海经博物漫笔》。

起来，唐诗（取广义，包括五代诗，不辨伪）中有关猫的内容有六十余例。

非典型涉猫唐诗

首先是有一些内容，并非严格意义上的"唐诗"，凡11例。

如韦庄、贯休、齐己等三人，实皆入五代，其诗不详是否果作于唐世：

> 汉皇无事暂游汾，底事狐狸啸作群。（韦庄《赠戍兵》，《全唐诗》卷六九六）
>
> 池藕香狸掘，山神白日行。（贯休《闻无相道人顺世五首》，《全唐诗》卷八三〇）
>
> 终与狐狸为窟穴，谩师龟鹤养精神。（齐己《感时》，《全唐诗》卷八四五）

唐末五代时范阳人卢延让，一度屡试不中。有诗句云"饿猫临鼠穴，馋犬舐鱼砧"，得中书令淮西人成汭赏识。后入蜀，蜀王王建爱其"栗爆烧毡破，猫跳触鼎翻"之句。卢延让曾跟人说："我平生拜会过不少达官贵人，却没想到最终得意于猫儿狗子。"人因而笑之。"猫儿狗子"之成语即出于此。

又传说某日王建于殿中与臣下议事时，命宫人煨栗子，忽然有几颗栗子跳出来把绣褥烫坏了。又曾经烧制仙丹，也因为宫中的猫儿打闹而触翻了炉灶。于是王建说："词人作诗，信无虚语。"但此事不甚可信，很像是后人附会。

旧说卢延让"以俚鄙之词遂获显擢"，所以世人对他颇为轻视。但以今日宠粉视角来看，"猫儿狗子"的称谓，又似乎十分可爱。

同样是五代时的蜀国，有个秀才陈裕，以谐谑著称，看到什么嘲讽什么。当时大慈寺东北有放生池，蜀国人会在三元日将鹅鸭放入。这天陈裕访寺僧不遇，便在寺门上写了一首名为"放生池"的绝句：

> 鹅鸭同群世所知，蜀人竞送放生池。
> 比来养狗图鸡在，不那阇梨是野狸。

阇（shé）梨，梵文音译词，本义为老师。不那，就是不奈。这首诗大意是说，寺僧大概是野猫，指着放生池吃鹅鸭。

自从陈裕题了这首诗，来大慈寺放生池"放生"的人就渐渐少了。

陈裕又有两首《咏浑家乐》，其二云：

> 北郡南州处处过，平生家计一驴驮。
> 囊中钱物衣装少，袋里燕脂胡粉多。

满子面甜糖脆饼，萧娘身瘦鬼嫦娥。

怪来唤作浑家乐，骨子猫儿尽唱歌。

后四句诗意不甚明朗。大概"满子"是说他的子女，"萧娘身瘦鬼嫦娥"是说自己的妻子虽然饿得精瘦但非常漂亮。"怪来"是难怪的意思，"浑家"是全家的意思，"骨子"是兀自的意思。"怪来唤作浑家乐，骨子猫儿尽唱歌"意思是，难怪说全家穷开心，你看连那家里的猫儿都兀自唱着欢快的歌曲。

五代时的楚国，有一个人叫何致雍，时为鼎州节度使马希振家门客。

一次众人联句，马希振出上联，何致雍对下联：

蚁子子衔虫子子。

猫儿儿捉雀儿儿。

此本为联语而非诗，但一则《五代诗话》《全唐诗补编》等收之，二则对句颇工巧，比之某些写猫的诗句更具艺术性，所以收录于此。

传说五代时南唐李后主时期，有一首童谣是这样说的：

索得娘来忘却家，后园桃李不生花。

猪儿狗儿都死尽，养得猫儿患赤瘕。

旧注引《南唐近事》解释这首童谣说：娘，指李后主再娶的周后。猪狗死，指南唐灭于甲戌、乙亥年（974、975）。赤瘕，是一种眼病，猫儿有眼病就看不到老鼠，说的是南唐熬不到丙子年（976）。

持无神论的我们相信，这首童谣很可能是宋人编的。即使是南唐人编的，因为当时上晚于唐亡（907），下晚于北宋开国（960），所以它跟标准的"唐诗"还是有很大的距离的。

《全唐诗补编》中还收录有唐代一些来自外国的汉语诗篇，其中有我们在讲猫妖传说时说过的新罗（地在今韩国）人崔致远的作品。崔致远当晚唐之时，其《古意》"狐能化美女，狸亦作书生"之外，尚有句曰："莫嫌牛马皆妨牧，须喜狐狸尽丧群。"（《野烧》）

涉猫唐诗散句

有一些唐诗，虽然确实提到了"狸""猫"，但"食之无味，弃之可惜"。凡35例，占涉猫唐诗总数的一半还多一点：

院侧狐狸窟，门前乌鹊窠。（王梵志《我家在何处》，《全唐诗续拾》卷五）

过客设祠祭，狐狸来坐边。（常建《古意三首·其一》，《全唐诗》卷一四四）

遗墟但见狐狸迹，古地空余草木根。（高适《古大梁行》，《全唐诗》卷二一三）

但对狐与狸，竖毛怒我啼。（杜甫《无家别》，《全唐诗》卷二一七）

废邑狐狸语，空村虎豹争。（杜甫《奉送郭中丞兼太仆卿充陇右节度使三十韵》，《全唐诗》卷二二五）

狐狸何足道，豺虎正纵横。（杜甫《久客》，《全唐诗》卷二二八）

客散层城暮，狐狸奈若何。（杜甫《舟前小鹅儿》，《全唐诗》卷二二八）

犬马诚为恋，狐狸不足论。（杜甫《奉汉中王手札》，《全唐诗》卷二二九）

霄汉期鸳鹭，狐狸避宪章。（钱起《津梁寺寻李侍御》，《全唐诗》卷二三八）

貔虎今无半，狐狸宿有群。（窦牟《秋日洛阳官舍寄上水部家兄》，《全唐诗》卷二七一）

木石生怪变，狐狸骋妖患。（韩愈《谢自然诗》，《全唐诗》卷三三六）

朝餐辍鱼肉，暝宿防狐狸。（韩愈《病鸱》，《全唐诗》卷三四一）

择肉于熊羆，肯视兔与狸。（韩愈《猛虎行》，《全唐诗》卷三四一，又卷一九）

下鞲惊燕雀，当道慑狐狸。（白居易《代书诗一百韵寄微之》，《全唐诗》卷四三六）

狐狸得蹊径，潜穴主人园。（元稹《赛神》，《全唐诗》卷三九六）

庙堂虽稷契，城社有狐狸。（元稹《酬翰林白学士代书一百韵》，《全唐诗》卷四〇五）

自从此后还闭门，夜夜狐狸上门屋。（元稹《连昌宫词》，《全唐诗》卷四一九）

桂叶刷风桂坠子，青狸哭血寒狐死。（李贺《神弦曲》，《全唐诗》卷三九三，又卷二一）

明朝擎出游都市，一半狐狸落城死。（张祜《古镜歌》，《全唐诗补逸》卷九）

哀喧叫笑牧童戏，阴天月落狐狸游。（舒元舆《桥山怀古》，《全唐诗》卷四八九）

野外狐狸搜得尽，天边鸿雁射来稀。（姚合《腊日猎》，《全唐诗》卷五〇二）

问狸将挟虎，歼虿敢虞蜂。（韩琮《秋晚信州推院亲友或责无书即事寄答》，《全唐诗》卷五六五）

徒为强貔豹，不免参狐狸。（陆龟蒙《袭美先辈以龟蒙所献五百言既蒙见和复示荣唱至于千字提奖之重蔑有称实再抒鄙怀用伸酬谢》，《全唐诗》卷六一七）

狐狸窜伏不敢动，却下双鸣当迅飙。（僧鸾《赠李粲秀才》，《全唐诗》卷八二三）

九仞萧墙堆瓦砾，三间茅殿走狐狸。（罗隐《谒文宣王庙》，《全唐诗》卷六五七）

四岁马寒初搭鞍，狐狸并得相逢值。（佚名《百岁篇·垄上苗十首·其二》，《敦煌歌辞总编》卷五）

在这些辞例中，"狸"大多与"狐"同时出现，少数与"兔"或"虎"同时出现，所说无非是类型化的一种野兽。其所用典故，前文已然讲过。

这些诗句中，自然有些写得艺术性较高。如李贺的"青狸哭血寒狐死"，鬼气森森，令人胆裂。然而狸猫在其中，仍无多少个性可言。

也有一些诗句，比上面这些稍微脱俗一点点：

回云迎赤豹，骤雨飒文狸。（李颀《二妃庙送裴侍御使桂阳》，《全唐诗》卷一三四）

君不能狸膏金距学斗鸡，坐令鼻息吹虹霓。（李白《答王十二寒夜独酌有怀》，《全唐诗》卷一七八）

　　玄斑状狸首，素质如截肪。（白居易《文柏床》，《全唐诗》卷四二四）

　　扪虱欣时泰，迎猫达岁丰。（李端《长安感事呈卢纶》，《全唐诗》卷二八六）

　　猫虎获迎祭，犬马有盖帷。（柳宗元《掩役夫张进骸》，《全唐诗》卷三五三）

　　当路绝群尝诫暴，为猫驱狝亦先迎。（李绅《忆寿春废虎坑余以春二月至郡主吏举所职称霍山多虎每岁采茶为患择肉于人至春常修陷阱数十所勒猎者采其皮晴余悉除罢之是岁虎不复为害至余去郡三载》，《全唐诗》卷四八〇）

　　桑蠖见虚指，穴狸闻斗狞。（《城南联句》，前一句韩愈，后一句孟郊，《全唐诗》卷七九一）

　　夜半仍惊噪，鸺鹠逐老狸。（元稹《大觜乌》，《全唐诗》卷三九六）

　　莺雏金镞系，猫子彩丝牵。（路德延《小儿诗》，《全唐诗》卷七一九）

　　前三例的"文狸""狸膏""狸首"典故，上文我们已经讲过。

　　中间三例用到的典故是《礼记·郊特牲》："迎猫，为其食田鼠也；迎虎，为其食田豕也。"

"桑蠖见虚指，穴狸闻斗狞"，调整成正常的语序后是"见桑蠖虚指，闻穴狸斗狞"，即见到桑蠖好像手指一样指着什么，听到洞穴里的野猫打斗声凶恶。这里出现的猫，仍然凶凶的。

"鸺鹠逐老狸"一句，是诗人元稹在影射当时他的政敌。其中的"老狸"，自然又是一个负面形象。

"莺雏金镞系，猫子彩丝牵"一句，写的是小鸟被小朋友系在金辖轳上，小猫被小朋友用彩色绳索牵引，颇具生活趣味，唐代涉猫诗中罕见。可惜此诗之"猫子"在《唐诗纪事》中如此，但在《太平广记》中写作"猧子"，猧子是狗。诗中提到的究竟是猫是狗，还不太明确。又，此《小儿诗》是诗人路德延写来讽刺河中节度使朱友谦的，朱友谦因之大怒，竟将其沉入黄河，此诗便成为诗人的"绝命诗"。想想其实一点也不美好。

唐诗中的狸猫捕鼠

狸猫捕鼠在唐代之前，虽然被记在典籍中，但真正写入诗篇中的现象其实是没有的，所谓"猫捕鼠本俗事，不足入咏"（前文提到的筮词本非诗歌），但这种情况在唐代却发生了很大变化，涉及狸猫捕鼠的唐诗，有下面的 13 例。

唐初诗僧王梵志的《回波乐》曰：

> 人心不可识，善恶实难知。
>
> 看面真如相，腹中怀蒺藜。
>
> 口共经文语，借猫搦①鼠儿。
>
> 虽然断夜食，小家行大慈。

诗写"知人知面不知心"之意。其中"口共经文语，借猫搦鼠儿"，说的是有些人口念佛经，但会做出借猫捕鼠这种"残忍"行为。

王梵志站在佛教立场，所以会说出这样的观点，这与俗家以猫捕鼠为功绩的认知完全相反。

又有散句如下：

> 骅骝将捕鼠，不及跛猫儿。（寒山《诗三百三首·其四十五》，《全唐诗》卷八〇六）
>
> 失却斑猫儿，老鼠围饭瓮。（寒山《诗三百三首·其一百五十八》，《全唐诗》卷八〇六）
>
> 若解捉老鼠，不在五白猫。（拾得《诗·其十七》，《全唐诗》卷八〇七）
>
> 彼鼠侵我厨，纵狸授粱肉。鼠虽为君却，狸食自

---

① 搦（nuò），捕捉。

须足。（戎昱《苦哉行五首·其一》，《全唐诗》卷二七〇，又卷一九）

草中狸鼠足为患，一夕十顾惊且伤。（柳宗元《笼鹰词》，《全唐诗》卷三五三）

熏狸掘沙鼠，时节祠盘瓠。（刘禹锡《蛮子歌》，《全唐诗》卷三五四）

独漉独漉，鼠食猫肉。（王建《独漉歌》，《全唐诗》卷二九八，又卷二二）

狸病翻随鼠，骢羸返作驹。（元稹《酬乐天东南行诗一百韵》，《全唐诗》卷四〇七）

停潦鱼招獭，空仓鼠敌猫。（元稹《江边四十韵》，《全唐诗》卷四〇八）

饥鼠缘危壁，寒狸出坏坟。（周贺《送僧归江南》，《全唐诗》卷五〇三）

唐中宗时，崔日用在朝为御史中丞。御史中丞在当时官属正四品下，三品以上可服紫服，但崔日用却蒙恩得赐紫服，说明他很受中宗喜爱。

一次，沈佺期因作诗而获得绯鱼袋之赐。绯鱼袋在当时需要皇帝特赐，所以中宗便在宴席间命群臣赋诗。崔日用写道：

> 台中鼠子直须谙，信足跳梁上壁儿。
>
> 倚翻灯脂污张五，还来啮带报韩三。
>
> 莫浪语，直王相。
>
> 大家必若赐金龟，卖却猫儿相赏。

诗中"台中"是指皇宫之中，"大家"是当时臣子对君主的敬称。但"张五""韩三"不详是何典故，或是某甲某乙某某人的意思。"直王相"亦不详，或是"但视君"之押韵倒装句。全诗大概是说老鼠在宫中作乱，崔日用想用猫儿来救治，以换取中宗的赏赐。

中宗看过崔日用的诗后，感觉有点意思，于是也赐给崔日用一个绯鱼袋。

此诗出自《本事诗》，无题，又收入《全唐诗》卷八六九，题曰"乞金鱼词"。

唐中期有一个河南尹名叫裴谞（xū），性好诙谐。这一日，有妇人投状纸争猫儿，状纸上原文写的是："若是猫儿，即是儿猫。若不是儿猫，即不是猫儿。"

这个状纸写得如同儿戏，裴谞阅后大笑，当即判案，写道：

> 猫儿不识主，傍家搦老鼠。
>
> 两家不须争，将来与裴谞。

然后裴谞真的将猫儿收归自己所有了，而原被告双方只好笑着离开了。

事见《开天传信记》。其诗本无题，被收入《全唐诗》时题曰"又判争猫儿状"。

这两首是较早以养猫捕鼠入诗，又稍具趣味与规模的。然而其趣味在事迹不在文笔，终究与诗意关系不大。

咏猫唐诗单篇

韩愈的咏猫诗《残形操》及相关问题，已见于本书之《猜不透的是你》。

《东阳夜怪录》中猫妖苗介立有自咏，而《古镜记》中猫妖鹦鹉死前也唱了一首歌叹息身世，已见于本书之《中国本土猫妖传说》。

唐末人易静，填《望江南》之词七百余首，以言兵家之事，结集为《兵要望江南》。其《占兽第二十》中有两首与狸有关（见《全唐诗续拾》卷三十九）：

军营内，狸兽夜频鸣。恰似豺狼同此兆，必知将士欲离营，不久祸灾生。

兵行次，狸走入其中。不住夜鸣围绕寨，先因风火事重重，埋伏且藏兵。

"占兽"就是用动物进行占卜，这两首词中就写到狸出现如何如何，其实都是迷信。

武则天曾特意调教猫儿与鹦鹉同在一个餐具中进食，还专门派了一个叫彭先觉的御史监管此事。一次武则天拿这猫鸟共餐来向百官炫耀，不料在传看之中，猫儿忽然将鹦鹉咬死并吃掉了。这使武则天十分羞愧。

当时的阎朝隐有一篇《鹦鹉猫儿》，很可能与此有关。

诗前序言大意说：鹦鹉是聪慧之鸟，猫是不仁之兽。现在鹦鹉在猫儿背上飞舞，鸟嘴还去啄弄猫儿的面颊，攀援在猫儿身上，还用鸟爪去踩踏，随意玩弄，得意地跳着舞，而猫儿好像也跟着得意。该害怕的不害怕，该忍受的不忍受，好像旧日好友一样。我阎朝隐作为太子舍人，早晚侍奉在宫中，提前得见此事。圣上正以礼乐文章为功业，朝野祥和安乐，愿为效力的强力之人数不胜数。不久天下一统，这真是聪慧的可以降服不聪慧的，仁德的可以降服不仁德的，也是太平天下的明确表征。恐怕事后此事被人忘记，典籍中不会留下痕迹，所以我恭敬地写下这篇诗。

其诗曰：

霹雳引，丰隆鸣，猛兽噎气蛇吼声。

鹦鹉鸟，同资造化兮殊粹精。

鹙鹭毛，翡翠翼，鹓雏延颈，鹍鸡弄色。

鹦鹉鸟，同禀阴阳兮异埏埴。

彼何为兮，隐隐振振；此何为兮，绿衣翠襟。

彼何为兮，窘窘蠢蠢；此何为兮，好貌好音。

彷彷兮徉徉，似妖姬躧步兮动罗裳；趋趋兮跄跄，若处子回眸兮登玉堂。

爰有兽也，安其忍，觜其胁，距其胸，与之放旷浪浪兮，从从容容。

钩爪锯牙也，宵行昼伏无以当，遇之兮忘味。

抟击腾掷也，朝飞暮噪无以拒，逢之兮屏气。

由是言之，贪残薄则智慧作，贪残临之兮不复攫。

由是言之，智慧周则贪残囚，智慧犯之兮不复忧。

菲形陋质虽贱微，皇王顾遇长光辉。

离宫别馆临朝市，妙舞繁弦杂宫徵。

嘉喜堂前景福内，和欢殿上明光里。

云母屏风文彩合，流苏斗帐香烟起，承恩宴盼接宴喜。

高视七头金骆驼，平怀五尺铜师子。

国有君兮国有臣，君为主兮臣为宾。

朝有贤兮朝有德，贤为君兮德为饰。千年万岁兮心转忆。

这首诗中，猫虽然被浓墨重彩地写成了第二号，但形象仍是被驯服的"不仁之兽"。而且整首诗包括序言，都是在向武则天献媚，格调甚低。后来猫鸟共餐事败，但阎朝隐这首诗竟然无耻地流传了下来，这也是一桩"奇事"了。

据《敦煌诗集残卷辑考》等，俄罗斯藏敦煌遗书中有《猫儿题》一篇：

> 邈成身似虎，留就体如龙。
>
> 解走过南北，能行西与东。
>
> 僧繇画壁上，图下锁悬空。
>
> 伏恶亲三教，降狞近六通。

诗后又有"题记"二字。

此诗年代不详，今姑且列入唐诗中予以考察。

前两句中的"邈""留"，应该都是久远的意思，"成""就"相通，"身""体"相通。这两句的意思是，猫儿长成如龙似虎的矫健身姿，是自古以来的事情。

三四句是说，猫儿可以南北西东自由游走。

"僧繇画壁上"是说，张僧繇曾将猫儿画到墙壁之上。张僧繇是南朝著名画家，传说他画龙不点眼睛，有人强迫他点上，龙便破壁飞去，是为"化龙点睛"。"图下锁悬空"，大概是指画中的猫带着锁链，下垂的锁链一直延伸到图画之外。

　　此诗一二句对仗，七八句对仗，三四句也近乎对仗，但这五六句又不对仗。

　　七八句的"伏恶""降狞"，应该是指猫捕鼠而言。"三教"，或说是指忠敬文，或说是指佛道儒，总之是指一些高端的内容。"六通"是佛家概念，天眼通、天耳通、他心通、宿命通、神境通、漏尽通。

　　可以看出来，整首诗都是对猫儿的夸赞，艺术水平虽不甚高，但感情倾向则有别于五代之前的普遍情况。

　　或说杜甫诗"薄俗防人面，全身学马蹄"之"人"一作"狸"，类书引晋代人应贞诗"鹰隼腾扬，□狸搏噬"等，这些内容既繁难，又与本文所说关系不甚大，所以这里不加细论。

　　以上便是五代之前，那个"猫不入诗"的时代里，我所见诗歌文献中涉及猫的全部内容。

　　宋以后的诗作中所见猫便数不胜数了，宋词中却甚少，不过这已经是另外一个话题了。

猫：十二生肖中凭什么没有我？

十二生肖中为什么没有猫，这个问题不知被多少人问过多少遍了。如果你想直接知道答案，那么我马上就能解答：因为猫不重要——十二生肖之说定型在东汉，当时中国人养猫习俗还远没有形成气候。国人养猫在南北朝时期才逐渐增多，而爱猫成风实始于唐末，比一般人想象的要晚得多。也就是说，假如十二生肖定型时期往后推一千年来到北宋，猫才有希望列名其中。

所以，今天我们这里并不是要简单"解答问题"，而是要"解读问题"：十二生肖中凭什么要有猫？

首先是，古人很少有这个疑问，虽然宋代以来喜欢猫的人越来越多，十二生肖也非常流行。但古代更多的只是一些类似的疑问，比如：

六畜之中为什么没有猫？《猫苑》引淳安人周上治《青苔园外集》说：六畜之中有马但没有猫，然而马是北方之兽，南方人怎么会家家养马？把六畜中的马换成猫，才算合理。而且周上治还说："毛西河曾有此说。"

淳安在今浙江杭州，周上治事迹不详，这本《青苔园外集》我也没有找到，大概是清中期一本半通不通的书。六畜

〔元〕王渊《花卉卷》

即马牛羊鸡狗猪，这六种家畜从古至今都在人类文明中发挥着十分重要的作用，这是"新近上位"的猫无可比拟的。六畜之说的韧性也很强，几千年来鲜有异说，不同于"五谷"之说①各家不同且今多罕见（比如"麻"今天就几乎没有人吃）。马在北方并非家家皆养，猫在南方也不是户户都有，因此用猫来取代马作为六畜之一，其实是非常荒谬的想法。毛西河即清初的大儒毛奇龄，毛奇龄是否真有这么荒谬的说法，真的很难说，至少我没有在毛奇龄的书里发现。

周上治又说："后之硕儒，苟能立议告改《礼经》，自是不刊之典。"这话就更加荒谬了。首先是《礼经》之中并

---

① 五谷，汉代即有三说，一说为稻黍稷麦豆，一说为稻稷麦豆麻，一说为稻黍稷麦菽。汉以后又有数种说法。

没有明确的"六畜"之说。《礼》有《仪礼》《礼记》《周官》三种，前两部都没有提到"六畜"，只有《周官》中提到"六畜"和"六牲"，但原文也没有明确说是哪六种家畜，只有汉代郑玄的注解中说到了"六牲"的具体所指。周上治自己经文都没有读通，却来大言不惭地要改动经典。

对这个观点，《猫苑》中还写到时人杨蔚亭与戚鹤泉的说法，说什么"论功用之弘，马为宜；论功用之溥，猫为正"，分明是痴人说梦。

二十八宿星禽中为什么没有猫？《猫苑》："猫虽灵物，独不列于二十八宿。"

说到所谓的"二十八宿星禽"，看过《西游记》的朋友应该还记得帮孙悟空制服蜈蚣精的星官"昴日鸡"，还有化作黄袍怪与百花羞公主再续前缘的"奎木狼"。古人将二十八宿逐一配以一种动物，昴宿对应鸡，故称"昴日鸡"，奎宿对应狼，故称"奎木狼"。另外比较有名的两个是传说中曾"转世"为武则天的"心月狐"，和"转世"为秦桧妻子王氏的"女土蝠"。

但这二十八种动物中，偏偏没有猫！

要说六畜只有六种动物，其中没有猫也就罢了；十二生肖十二种动物，没有猫的事也还说得过去；二十八宿配了二十八种动物，却还是没有猫。难道是猫不重要？

于是《猫苑》的作者黄汉，打上了"心月狐"的主意。因为"狐""狸""猫"，有着看似扯不清的关系，所以黄汉就硬说心宿的星禽其实也是猫。真是强词夺理。

南北朝刘宋时期，袁淑写有《俳谐文》，题目表明了是开玩笑，本来也不必当真的。原书十卷或十五卷，已经散佚，今所见都是各种类书的转引。

《猫苑》转引乾隆年间学者檀萃的话说：袁淑册封驴为"庐山公"，豕为"大兰王"，可这些畜生又蠢又脏，怎么担当得起这种美名？猫狗是人类的功臣，却没能获得封号，这很不合适。于是檀萃戏封猫叫做"清耗尉"，戏封狗叫做"宵警尉"。这也是一种为猫狗争宠的行为，与讨论"猫入六畜""猫入二十八宿星禽"类似。

要说起来，清代三种猫书《猫苑》《猫乘》《衔蝉小录》中，就根本没有为猫不入十二生肖而鸣不平的专门章节。这跟最近几十年来相关内容的大量讨论，是很不一样的。

但古人毕竟还是讨论过这个问题的。今所见有三条史料。

一是元代戴表元《剡源文集》中有一篇《猫议》的短文，说：人们把鼠牛虎兔龙蛇马羊猴鸡犬猪，比拟为人，谓之十二属（即十二生肖）。猫和人的关系最近，但偏偏没有被列入。这事让某人很是疑惑，他认为别的动物的贵贱还可以商量，难道说猫还比不得蛇鼠吗？我回答他说，猫好吃贪睡，一股媚态，无信无义，更可恨的是还会吃掉自己生的小猫，这种事恐怕连蛇鼠也做不出来。

明代吴宽曾丢失一只猫，后来因偶然见到古人的《十二辰诗》[①]，所以他就巧妙地写了一首有关猫和十二生肖的诗，以此希望召回他的猫。诗的最后还画了个饼，说猫要是回来的话，就把猫放在十二生肖的第一位。

失猫偶读古人十二辰诗戏作一首招之

鼠辈公然昼出游，厨中恣食肥如牛。

虎斑非鞟忆此物，兔口无阙嗟为俦。

---

① 《十二辰诗》，早在南北朝时期就有沈炯《十二属诗》，宋代又有邹浩《效十二属体》，刘子翚（或说赵端行）《少稷赋十二相属诗戏赠一篇》《再和六四叔所赋十二相属诗》，朱熹《读十二辰诗卷援其余作此聊奉一笑》，赵蕃《远斋作十二辰歌见赠且帅同作》等。

> 徒闻鏊龙术曾学，安论捕蛇功可收。
>
> 塞翁失马终非福，牧子亡羊政尔忧。
>
> 猕猴若驯我岂爱，鸡犬或放人须求。
>
> 归来买猪肉喂汝，置汝十二生肖头。

另外就是毛宗岗的《猫弹鼠文》中，偶然有"尔猫，名虽不列地支，种实传来天竺"这么一句话。

总之，古人并不怎么关心猫是不是在十二生肖之中这个问题。

中国的十二生肖中虽然没有猫，但越南的十二生肖中其实是有猫的。越南十二生肖中十一种与中国的相同，只有卯位不是兔而是猫。有人说"越南人喜欢平衡，所以有鼠就要有猫"，那是信口雌黄，其中真正的原因总结起来大概有两点：

一是"猫"和"卯"音近，所以卯位就被讹传成了猫。

二是兔子对越南人来说相对陌生，所以被淘汰了。

但请不要误会越南人有多么喜欢猫，猫在越南文化中，更多的是代表奸诈、虚伪、贪婪和贫穷。

可惜我没能查到十二生肖之说是从什么时候传入越南的。

古人有一种"类书"，指的是"类神之书"，"类神"指旧时迷信卜课中所用的"十二支神"，亦即十二生肖。《猫苑》："或说类书载虎属寅得丙，猫属卯得丁，故虎禀纯阳之气，而猫则阴阳兼有也。"不知是否与此越南的卯猫有关。

无独有偶, 中国毛道黎族的十二兽历中, 卯位也是猫。(李树辉《十二生肖的起源及其流变》) 但毛道只是海南省五指山市的一个乡镇, 毛道黎族的生肖说也只是众多黎族生肖说中的一种。

另外, 近古数术文献中确实还有类似的说法。清代吴师青《六壬存验·占六畜》: "子鼠, 丑牛, 寅虎猫, 卯兔狐, 辰龙, 巳蛇鱼, 午马鹿, 未羊鹰, 申猴, 酉鸡雉, 戌犬狼, 亥猪熊。" 但这是卜筮中所用的内容, 与生肖没有直接关系。

也有人认为十二生肖文化与埃及文明、巴比伦文明中的十二兽历有关。其十二兽历中, 相当于中国生肖羊的位置上的, 正是猫。埃及文化宠猫爱猫, 家猫即由埃及人首先驯化, 埃及文化的十二兽历中有猫, 是自然而然的事情。

经典	鼠	牛	虎	兔	龙	蛇	马	羊	猴	鸡	狗	猪
越南	鼠	牛	虎	猫	龙	蛇	马	羊	猴	鸡	狗	猪
毛道黎族	鼠	牛	虫	猫	龙	鱼	肉	人	猴	鸡	狗	猪
巴比伦	牡牛	山羊	狮	驴	蜣螂	蛇	犬	猫	鳄	红鹤	猿	鹰
埃及	牡牛	山羊	狮	驴	螃蟹	蛇	犬	猫	鳄	红鹤	猿	鹰

中国自逐渐现代化以来, "六畜" "二十八宿" 等说都落寞了 (大概是因为逐渐丧失其实用性), 只有 "十二生肖" 流

传不息（大概是因为好玩）。同时猫粉渐多，所以生出很多"十二生肖中为什么没有猫"的传说。这些传说，如老鼠把猫算计了什么的，想必大家耳熟能详，我们这里就不细说了。

以上是近古以来的情况。如果往中古以上推，其实猫跟十二生肖也有点隐隐约约的关系。只不过是猫最后"落选"了而已，"提名"本来还是有的。

我们知道，十二生肖的说法，在东汉王充的《论衡》里就已经成熟了，说法跟我们今天完全一样。但东汉前后，其实还流行不少相关的配禽理论。

"十二生肖"本身究竟是哪十二个，在早期文献中并不稳定。今所见有关地支配禽的早期文献主要有四种，如下表：

地支	子	丑	寅	卯	辰	巳	午	未	申	酉	戌	亥
论衡	鼠	牛	虎	兔	龙	蛇	马	羊	猴	鸡	犬	豕
放马滩秦简	鼠	牛	虎	兔	虫	鸡	马	羊	石	鸡	犬	豕
睡虎地秦简	鼠	牛	虎	兔		虫	鹿	马	环	水	老羊	豕
孔家坡汉简	鼠	牛	虎	鬼	虫	虫	鹿	马	玉石	水	老火	豕

可以发现，早期的文本中，石、水、火都曾经试图"挤进"十二生肖的队伍，只是后期这些"非生物"都被人们淘汰了。而猫竟然连"候补"都不算，致使我们只好从"海选"中再寻找一下猫的身影。

"十二生肖"相关配禽说，除了上面提到过的"二十八宿星禽"，还有"三十六禽"之说。（参考程绍轩《放马滩秦简〈三十六禽占〉研究》）

所谓"三十六禽"，即每一地支对应的是三种动物，十二地支对应三十六禽。这种说法出现甚早，出土的战国晚期放马滩秦简中便有《三十六禽占》。放马滩秦简系统的三十六禽中有"貌"，当即猫。

隋朝僧人智颛《摩诃止观》说道："子有三：猫、鼠、伏翼。"意思是，十二时辰中扰人清修的有三十六兽（妖），其中子时是猫、老鼠、蝙蝠，其他每个时辰各有三种兽（妖）。修道者明了其中奥妙，各依时辰叫出对应的兽（妖）名，纷扰便会自熄。我想其中原理大概是，子夜时鼠常出洞，而猫因即捕鼠，时不时被僧人听到吧。

隋代萧吉《五行大义》引王简之说中也有"申，朝为猫，昼为猿，暮为猴"之说，将猫配申，不知是何道理。

同时，"狸"在《摩诃止观》中也出现了："寅有三：初是狸，次是豹，次是虎。"即寅时来捣乱的是狸妖、豹妖、虎妖，修行中的人叫一声"野猫退下"等，便可怪异自消。

这是中古以前，罕见的明确有"猫"的配禽名单。它们出现在国人开始养猫捕鼠之后不久，大概也不是偶然。其中的"猫"当是家猫，"狸"则是野猫。

除了《摩诃止观》，六朝铜式盘、《五行大义》引王简之说及一云，等等众多文献也都说到，寅位对应的是狸精。《抱朴子内篇·登涉》也说，不同的日子在山中遇上的妖怪，会根据日子的地支（古人用干支纪日）而不同，你叫它的本名它就会现出原形。寅日在山中出现自称"令长"的，就是老狸。原文："山中寅日，有自称虞吏者，虎也；称当路君者，狼也；称令长者，老狸也。"只有晚出的《琅琊代醉编》和《升庵集》的三十六禽系统中无狸而有"豾"。

假设当初狸"打败"了虎，占了寅位，那十二生肖中还真的有可能出现猫的位子。

然而令猫奴感到悲伤的是，最终虎"打败"了狸，独占寅位生肖两千年。

而且上溯战国时期，放马滩秦简《三十六禽占》中，寅位的是虎、豹和豺，狸猫连"候补"的名额都没有混上。

还有，"二十八宿星禽"其实是由"三十六禽"删减而来，删掉了八禽，好不容易爬上来的"狸"又被刷掉了。

	放马滩秦简	抱朴子	六朝铜式盘	《五行大义》引王简云	《五行大义》引一云	摩诃止观	大白阴经	聂氏鑒志	释昙莹注	徐子平注	演禽通纂
子	鼠	鼠	蝯	燕		猫	燕	燕	鼠	鼠	鼠
子	胎渎	伏翼	鼠	鼠		鼠	鼠	鼠	蝠	蝠	蝠
子				伏翼		伏翼	蝠	蝠	燕	燕	燕
丑	牛	牛	牛	牛		牛	蟹	鳖	牛	牛	牛
丑	罴牛		蟹	蟹		蟹	牛	牛	蟹	蟹	獬
丑	鹿牛		鳖	鳖		鳖	鳖	蟹	鳖	鳖	龟
寅	虎	虎	豹	狸	虎	狸	狸	豹	虎	虎	虎
寅	豹	狼	狸	豹	狸	豹	虎	虎	狸	狸	狸
寅	豺	老狸	虎	虎	狐	虎	豹	狸	豹	豹	豹
卯	兔	兔	猬	猬		狐	兔	狐	兔	兔	兔
卯	□	麇	兔	兔		兔	貉	兔	狐	狐	狐
卯	狐□	虎	貉	貉		貉	蛟	貉	貉	貉	貉

215

续表

表	演禽通纂	徐子平注	释昙莹注	聂氏墓志	太白阴经	靡诃止观	《五行大义》引一云	《五行大义》引王简云	六朝铜式盘	抱朴子	放马滩秦简
辰	龙	龙	龙	蛟	龙	龙		龙	龙	龙	龙
	蛟	蛟	蛟	龙	鱼	鲸		蛟	鲸	鱼	蛇
	鲸	鱼	鱼	鱼	虾	鱼		鱼	鱼	蟹	□
巳	蛇	蛇	蛇	蛇	蚓	鳝		鳝	鳝	社中蛇	雉
	鳝	鳝	鳝	蚓	蛇	鲤		蚯蚓	蚓	龟	□
	蚓	蚓	蚓	鳝	蛆	蛇	龟	蛇	蛇		
午	马	马	马	鹿	鹿	鹿		鹿	鹿	马	马
	鹿	鹿	鹿	马	獐	马		马	马	老树	阎
	獐	麇	獐	獐	雁	獐		獐	獐		□
未	羊	羊	羊	羊	羊	羊		羊	羊	羊	羊
	鹰	鹰	鹰	鹰	鹅	雁		鹰	鹰	獐	貋
	豜	雁	雁	雁	□	鹰		雁	雁		射

216

续表

地支	放马滩秦简	抱朴子	六朝铜式盘	《五行大义》引王简云	《五行大义》引一云	摩诃止观	大白阴经	聂氏蠡志	释昙莹注	徐子平注	演禽通纂
申	玉龟	猴	狙	猫	玉	狖	猴	猿	猴	猴	猴
	雹龟	猴	猿	猿		猿	犹	猴	猿	猿	猿
	雹龟		猴	猴		猴	猴	猫	猱	猱	猱
酉	鸡	鸡	雉	雉		乌	乌	乌	鸡	鸡	鸡
	雉	雉	鸡	鸡		鸡	鸡	鸡	乌	乌	乌
	赤乌		乌	乌		雉	犬	雉	雉	雉	雉
戌	犬	犬	狗	狗		狗	豕	豺	狗	狗	豺
	狼	狐	豺	狼		狼	豺	犬	狼	狼	狼
	狐		狼	豺	生木	豺	狼	狼	豺	豺	狗
亥	豕	金玉	豕	豕	豕	豕	熊	熊	猪	猪	猪
	鹿	猪	豚	貜	㹶喻	㺚	猪	猪	豕	豕	
	豨		猪	猪		猪	黑	黑			熊

东		角木蛟	亢金龙	氐土貉	房日兔	心月狐	尾火虎	箕水豹	
	鱼	蛟	龙	貉	兔	狐	虎	豹	狸
北		斗木蟹	斗金牛	女土蝠	虚日鼠	危日燕	室火猪	壁水貐	
	鳖	蟹	牛	蝠	鼠	燕	猪	貐	豕
西		奎木狼	娄金狗	胃土雉	昴日鸡	毕月乌	觜火猴	参水猿	
	豺	狼	狗	雉	鸡	乌	猴	猿	狄
南		井木犴	鬼金羊	柳土獐	星日马	张月鹿	翼火蛇	轸水蚓	
	雁	犴	羊	獐	马	鹿	蛇	蚓	鳝

最后说一个稍微安慰猫奴的事情吧。十二生肖也好，三十六禽也好，其实本来都是妖怪，不是什么好东西，狸猫落选也没有什么值得难过的。除了上面说到的，再节录一段放马滩秦简中的内容，自然可以考见"三十六禽""十二生肖"的妖怪本相：

218

虎也，铁色，大口，长腰，其行延延也，色赤黑，虚虚，善病中。

豹也，椭颐，长目，长腰，其行延延也，色苍赤，善病肩。

豺也，好目，短喙，其行……善病心。

〔清〕朱耷《蜷猫图》

唐僧取猫VS包公请猫——中国家猫溯源传说

家猫何时进入中国？

有人认为中国自古就有家猫，至少像马一样在先秦时期就已经与国人息息相关了。《诗经》曰："有猫有虎。"《礼记》曰："迎猫迎虎。"这是其"文献证据"。其"考古证据"则表明中国人早在仰韶文化晚期就开始和"猫"生活在一起，后来的汉墓中也有"猫"骨骼出土。

但是，这些在我们看来是有很多疑问的。比如《诗经·韩奕》原文其实是："孔乐韩土，川泽讦讦，鲂鱮甫甫，麀鹿噳噳，有熊有罴，有猫有虎。""川泽"二字，已经把后面那些物种的野生本色，暴露得很彻底了。至于考古上发现的"猫"，我很怀疑是猫科豹猫属的"豹猫"，或者猫科猫属的"亚洲野猫"等，而不是猫科猫属的"家猫"。

目前比较通行的说法是，世界上所有的家猫，全部来自非洲野猫，并且在大约1万年前由埃及人驯化，之后才逐渐扩散到世界各地。

而根据我们长期对中国养猫文化的关注，知道中国人养猫的明确记录，其实晚到南北朝时期才出现。唐代养猫者渐多，典型的猫粉直到唐末才出现，之后养猫之风始盛。这跟隋唐之前普遍养狗捕鼠的记载，恰恰吻合。总之相对而言，文献上中国家猫的早期流传状况，要清楚得多。

按理说，家猫应该就是南北朝时传入中国的。如果是陆路则可能是走中亚，如果是海路则可能是走东南沿海。可惜目前为止，我还没有找到相关考古证据。本文即只是重点从文献角度来讨论中国家猫的传入。

"年年战骨埋荒外，空见蒲桃入汉家。"（〔唐〕李颀《古从军行》）葡萄于汉武帝时期由张骞自西域带回的事，史有明文，人所共知。然而国人对猫的传入，就没有这样明确了。只有一些传说，隐约能够透露点点信息。

这就是很多朋友听说过的：猫是唐僧取经时从西方带回来的（可以简称"唐僧取猫"）。

但我们今天分析"唐僧取猫"之前，先说一下另外一个相关传说：五鼠闹东京。

由于清代中晚期公案侠义小说《三侠五义》的深刻影响，提到"五鼠闹东京"时人们首先想到的就是这个侠义版的故事。

《三侠五义》里，"五鼠闹东京"是非常重要的节目。其中五鼠分别是，大爷钻天鼠卢方，二爷彻地鼠韩彰，三爷穿山鼠徐庆，四爷翻江鼠蒋平，五爷锦毛鼠白玉堂。故事讲的是，北宋仁宗时期，南侠展昭得皇封绰号"御猫"，以锦毛鼠白玉堂为代表的五鼠弟兄觉得被冲撞，所以奔往东京汴梁"斗御猫"，因此引发一系列的矛盾。

其中情节颇为复杂。这里值得注意的是：一，锦毛鼠在去往东京的路上结交了文生公子严查散，并且后来为严查散的官司打抱不平。二，闹东京故事彻底结束时，单走脱一个老二彻地鼠韩彰。

这个侠义版"五鼠闹东京"，其实改编自神怪版"五鼠闹东京"。

神怪版五鼠故事，明清以来流传也是甚广，像明代安遇时《包公案》四十八回"何岳丈具状告异事　玉面猫捉怪救君臣"，罗懋登《三宝太监西洋记》九十五回"五鼠精光前

沂南汉墓后室南侧隔墙东面画像（疑似犬捕鼠）

迎接 五个字度化五精"等等，皆有其说。周绍良旧藏明刻本《新刊宋朝故事五鼠大闹东京记》与英国博物院藏书林刊本《五鼠闹东京包公收妖传》等书，则专记其事。

这些故事里，闹东京的五鼠，都是老鼠精，猫当然也是神猫而非人。

其故事版本多达几十种，此处仅以书林本为例，述其大概：西天佛祖雷音寺处，五只鼠精思凡，来到人间为祸。先是第五鼠化为赶考举子施俊，淫乱其妻（这个情节在侠义版中被改成锦毛鼠救护严查散）。施家告到丞相府，四鼠又化为丞相。惊动天子，三鼠又化为宋仁宗。惊动太后，二鼠又化为太后。包公来，大鼠又化为包公。东京大乱，无人能管。包公于是服毒升天，求见玉帝。玉帝派手下查到这是来自西方的五鼠精作怪，只有雷音寺宝盖笼中的"玉面金猫"可以降服，玉帝遂派手下前往西天。结果佛祖耍滑头，借出"金睛狮子"充数。无奈包公只好亲自动身前往西天，请来真正的玉面金猫。玉面金猫来到东京，咬死四只鼠精，单走了第五只（侠义版中最后走脱彻地鼠）。这五鼠跑到南天门，被天兵天将拿住，结果玉帝一时心软饶了它性命，但减去其神通，发往人间受苦。所以人间多了一种大老鼠。

虽然这个传说只解释了"大家鼠"（区别于"小家鼠"）的来历，没有明确解释猫是怎么来的。但民间故事的流变中，很自然地就把这个故事当成了猫的来历传说。故事的最后，便添了个尾巴：鼠患仍未灭尽，所以玉面金猫继续留在东方为民除害。有的版本中还有一个设定说的是，本来包公答应把猫请回西天，结果因鼠患未尽包公食言，所以猫常常以打呼噜的方式骂包公。（祝秀丽、蔡世青：《"五鼠闹东京"传说的类型与意义》，《民俗研究》2018年第4期）

很可能是因为故事性强，所以"包公请猫"这个故事在民间的传播度，其实远高于"唐僧取猫"。

"唐僧取猫"的传说非常简单，就是一句话：猫是唐僧取经时从西方天竺国带过来看护经卷的。

这个说法，清代黄汉在《猫苑》里说出自宋代罗愿的《尔雅翼》，其实不对。

这个传说的明确说法，出自彭大翼《山堂肆考》（最早有明万历二十三年刻本)与杨淙《群书考索古今事文玉屑》(简称《玉屑》，最早有明万历二十五年刊本）：

> 猫非中国之种，出西方天竺国，唯不受中国之气所生，故鼻头冷，唯夏至一日暖。猫死，不埋于土，挂于树上。释氏因鼠咬佛经，故唐三藏往西方带归养之。(《山堂肆考》)

> 猫非中国之种，出于西方天竺国，不受中国之气所生，鼻头常冷，惟夏至一日暖，忽然不食其卤。猫死，不埋在土，挂于树上。释氏因鼠咬侵坏佛经，唐三藏往

西方取经，带归养之，乃遗种也。（《玉屑》）

《山堂肆考》尚好，《玉屑》则评价较低。四库馆臣说："扬浑不知何许人。是书《明史·艺文志》著录。然二十六类之中，荒唐俚谬，罄竹难书。明人著述之陋，殆无出其右矣。"可知这个书通俗趣味比较浓。

"鼻头常冷，惟夏至一日暖"这句话今可知最早见于唐代段成式的《酉阳杂俎》。但《酉阳杂俎》里没有"非中国之种"这些话。"不受中国之气所生"，大意是说猫的体质不太适应中国的气候，这是对猫身体特点的解释。"忽然不食其卤"大概是说夏至这天忽然不自舐鼻头，这句话也不见于前人。"猫死，不埋在土，挂于树上"跟本文关系不大，所以不细说了。《玉屑》最后半句"乃遗种也"前面应该省略了"如今之猫"等文字，说的是现在中国的猫都是唐僧从西方带回来的猫的后代。

明末清初的《夜航船》中也说："猫出西方天竺国，唐三藏携归护经，以防鼠啮，始遗种于中国。故'猫'字不见经传。《诗》'有猫'，《礼记》'迎猫'，皆非此'猫'也。"区别本不该区别的"猫""貓"这组异体字，对早期文献中家猫的存在进行了否定。

猫书《衔蝉小录》引《西方经》也有类似的说法，但《西方经》不知何书，可能只是作者记不清出处而编造的书名。

但这个说法的起源，真的还不能说是《山堂肆考》与《玉屑》。

古代流行一种"纳猫契"，就是一种收养猫的"公文""符咒"。其文字部分的开头说："一只猫儿是黑斑，本在西天诸佛前。三藏带归家长养，护持经卷在民间。"

文中的"黑斑"，可以根据具体情况改成"花斑"等文字，

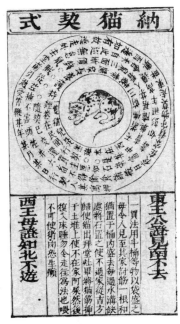

《三订历法玉堂通书捷览》之
《纳猫契》

这不是重点。但是后面这三句就是不动的了。"本在西天诸佛前"等等，说的是猫的来头大，养在家里大有用处，是一种民众的自我安慰。

问题是，这段文字早在《三订历法玉堂通书捷览》等元代文献中就已经出现。说明一则早在后来通行的"唐僧取经"故事文本（所谓的"吴承恩《西游记》"）出现之前，"唐僧取猫"的说法就已经出现了。二则，"唐僧取猫"传说的出现，实早于"包公请猫"。

"唐僧取猫""包公请猫"的传说，在民间是传得不亦乐乎。但在雅文化里，其实大家关注并不是特别多。所见仅此五条：

〔明〕郑璋《白猫》诗："玉狸海外来千里，月兔天边堕五更。"

〔清〕毛宗岗《猫弹鼠文》："尔猫，名虽不列地支，种实传来天竺。"

〔清〕吴锡麟《雪狮儿·咏猫》："问西来意，莲花世界，同看经藏。"

〔清〕何梦瑶《南浦·猫词》："莫更触璃屏，西来久，往事不堪重数。"

〔清〕姚燮《猫六十韵》："种类来天竺，谁云乞未须。"

前文所谓"中国人明确的养猫记录，是从南北朝时期开始的"，指的是顾野王《玉篇》中说的："猫，似虎而小，人家畜养令捕鼠。"简洁有力，表明当时普通人家已经畜猫捕鼠的史实。在此之前如《齐民要术》"其屋，预前数日着猫，塞鼠窟，泥壁"等，虽然也能佐证家猫已经进入中国，但没有《玉篇》明确。

顾野王《玉篇》原书已经散佚，今天所见《玉篇》，无论传世文献还是出土文献中，其实都没有上面那句话。"猫，似虎而小，人家畜养令捕鼠"之语，其实出自唐代释慧琳《一切经音义》（完成于元和五年，即公元810年）引顾野王说。

《一切经音义》引此文不只一次，分别见于其卷一一、卷二四、卷三一、卷三二、卷六八、卷七二等，共计六次。可见一则这段文字十分可能就是《玉篇》中原文，二则唐代养猫捕鼠的民俗已经形成气候。

《一切经音义》的"经"为佛经，其书专门解读佛经。虽然上面提到的六处原佛经都与家猫无关，但早期佛教文献中确实存在一些与家猫有关的内容，而其相关性却表现在对养猫行为的禁止上。

从姚秦时期（384—417）鸠摩罗什（344—413）翻译的《佛说梵网经》卷下，到北凉（397—439）昙无谶（385—433）翻译的《优婆塞戒经》之《受戒品第十四》，再到刘宋时期（420—479）慧严（363—443）整理的《大般涅槃经》

卷第七《邪正品第九》和卷第十一《圣行品第十九》等早期佛教译著中，都明确说到了佛门弟子不准畜猫（等家畜）的律条。后世佛教徒甚至将猫叫做"地行罗刹"，比之为鬼（〔清〕书玉《沙门律仪要略述义》）。

我们知道，不同等级的佛教徒需要遵守的戒律是不同的，等级越高戒律越多越严。"优婆塞"即"善男"，也就是在家（非出家）修行的佛教徒。"沙门"则是佛教徒的泛称。也就是说，不畜猫是连最低层次的佛教徒都要遵守的基本戒律。

这些佛经中明确说到禁止畜猫的情况，恰恰说明很可能早期西方印度等地的佛教徒面对的，正是一个普遍畜猫的环境。汉语史"家猫"一语，最早即见于佛教文献。后汉安息国三藏安世高译《梵网经》五十五观章第七："是身为譬如家猫贪恚痴聚。"

而事实上，面对老鼠咬坏珍贵的佛经等物，使得佛门对于养猫的戒律似乎并不怎么严格执行。佛教徒畜猫等家畜的记载，历史上并不罕见，后世僧人甚至有"猫有五德"的玩笑。"萧寺驮经马，元从竺国来。"（李贺《马诗·其十九》）白马寺的建立为中国佛教之始，教徒即不讳言白马驮经。养猫养马，对佛教徒来说同理。

佛教徒面对家猫的矛盾态度，使得其经典虽明令禁止畜猫，但家猫仍然有可能跟随佛教一起传播出来。

而传说中无论"包公请猫"还是"唐僧取猫"，也都与佛教有着或多或少的联系。这或许是巧合，或许表明了人们对家猫传入史实的依稀记忆。

顾野王《玉篇》成书于梁大同九年（543），虽然猫在当时有了一定的覆盖度，但养猫似乎也并不是太通行。隋朝皇宫"猫鬼"事件中的猫究竟是家猫还是野猫，便很难说清。《千金方》中也隐约透露了隋末唐初人养猫的史实，不过其实直到武则天时期（649—705），才有了武后将猫与鹦鹉共养，又曾因萧淑妃的诅咒而禁止宫中养猫[1]，这两条明确的养猫记录。

而唐僧取经的真实时间（629—645），正处于在"《玉篇》成书"与"武后养猫"这两段历史之中。

总之，从家猫传入中国的最可能途径，与家猫传入中国的大概时间这两方面来看，至少可以说，相对于"包公请猫"，与"《诗经》时代就有家猫"而言，"唐僧取猫"要更加接近事实。

---

[1] 颇有历史学者不以武则天畏猫为史实，但无关此文宏旨。

〔清〕四川绵竹年画《老鼠娶亲》

庄子不养猫——中国早期养猫尝试

在家猫没有占领中华大地之前的先秦两汉时期，国人是否曾有过驯养"猫"的尝试呢？本文以作者熟悉的《庄子》等文献为中心，对这个问题进行了一番梳理。

《庄子》中所见早期国人驯养的动物

汉代之前，文献中虽然有一些百姓试图养猫的零星信息，但并没有养猫成俗的明确记录。而同时期的马牛羊鸡犬豕等六畜的饲养，却明确并且大量存在于传世文献和出土文献之中。

《庄子》[①]一书中，明确提及的当时人们豢养的动物，一共九种：

---

① 参考张远山《庄子复原本》，天地出版社，2021。

虎	《内篇·人间世》	汝不知夫养虎者乎?
马	《内篇·人间世》	夫爱马者,以筐盛屎,以蜄盛溺。
	《外篇·徐无鬼》	适遇牧马童子。
雉	《内篇·养生主》	泽雉十步一啄,百步一饮,不蕲畜乎樊中。
鱼	《内篇·大宗师》	相造乎水者,穿池而养给。
羊	《外篇·达生》	若牧羊然,视其后者而鞭之。
	《外篇·骈拇》	二人相与牧羊。
	《外篇·管仲》	吾未尝为牧而牂生于奥。
猪	《外篇·达生》	吾将三月㹸汝。
斗鸡	《外篇·达生》	纪渻子为王养斗鸡。
海鸟	《外篇·达生》	此之谓以己养养鸟也。
	《外篇·至乐》	此以己养养鸟也,非以鸟养养鸟也。
牛	《外篇·曹商》	衣以文绣,食以刍菽,养之牢筴之中。

此外,《外篇·庚桑楚》中说:"越鸡不能伏鹄卵,鲁鸡固能矣!鸡之与鸡,其德非不同也;有能与不能者,其才固有巨小也。"虽然没有明确说越鸡、鲁鸡是家鸡,但我们也能明确知道这是当时人们驯化的不同家鸡品种。《徐无鬼》篇说到的相狗、相马之术,也在一定程度上说明当时人们对这些家畜的深入了解。

牛、羊、猪三牲自不必多说,我们这里重点看一下《庄子》中反映的养马与养虎。

马虽然平平无奇，但《庄子》中说养马的文字却精致到这种程度：爱马的人，用竹筐盛屎，用贝壳盛尿。偶尔有蚊虫扑到马身上，人驱赶不及时，娇贵的马儿就会因受惊而咬坏衔口，毁坏头上和胸前的装饰。可见庄子对养马的认知异常深刻。再联想到《庄子》中庖丁解牛、痀偻承蜩等寓言中对动物细致入微的描摹，以及书中大量出现的活灵活现的动物形象，更让人认识到庄子的"于学无所不窥"。

《庄子》中有关养虎的文字，也同样深刻：养虎的人，不敢用活着的动物作为老虎的食物，因为怕激起老虎的杀心；也不敢用完整的动物尸体喂老虎，唯恐激起老虎的残虐之心；时刻留意着老虎的饥饱，洞悉老虎的喜怒。老虎与人不同类，但老虎能喜爱养虎之人，正是因为人能顺虎之意。那些被老虎杀死的养虎人，一定是违逆了老虎的意愿。原文"不敢以生物与之""不敢以全物与之"，即只用碎肉喂老虎，这个法则在今天仍为国际上养虎者所遵循。

而《庄子》中说的养虎、养斗鸡，很明显已经超出了一般的实用意义，而发展为娱乐意义了。

养猫的意义之捕鼠

从功能上讲，当时的犬有三种，有狩猎用的"田犬"，有守卫用的"吠犬"，还有拿来吃的"食犬"。

那么，古人是如何看待猫的呢？

《礼记》里已经说："迎猫，为其食田鼠也。"意思是当时的祭祀对象中有猫神，因为猫会吃老鼠。看来猫对当时人们的意义，最重要的就是灭鼠。

当时虽然没有家猫（猫科猫属），但人们似乎已经有意识地驯养中国大地上普遍分布着的豹猫（猫科豹猫属）了。而人们驯养豹猫的目的，大概正为灭鼠。

《韩非子》说："使鸡司夜，令狸执鼠，皆用其能。"《吕氏春秋》："狸处堂而众鼠散。"狸就是猫的别称。前一句将狸与打鸣报时的鸡并列，后一句说狸猫在屋中会让鼠众退散，都透露了当时人们养猫捕鼠的探索。

《韩诗外传》中还有一个相关故事：一次孔子在屋里演奏瑟，曾子和子贡在门外听。一曲罢奏，曾子说："哎，老师的瑟声之中有'贪狼之志，邪僻之行'。其中不仁而趋利的味道，怎么这么重呢？"子贡也觉得曾子说得对，但子贡没有说话，随后走进屋中。孔子看子贡好像有什么想要批评自己的，但是又不好意思，于是孔子把瑟放下，让子贡说话。子贡就把曾子的话告诉了孔子。孔子说："啊！曾参真是天下贤才啊，真是我的知音。刚才我演奏瑟的时候，屋里恰巧有一只狸正在捕鼠，狸顺着房梁动作缓慢，老鼠一见赶紧避开。狸瞪着大大的眼睛，弓着背，就是没抓住。我演奏时沉浸在当时的情景之中，心里替狸着急。曾参说我'贪狼邪僻'，说得对啊。"

《淮南子》："鼠之遇狸，必无余命。"也是说，老鼠遇上猫，小命不保。

相关的内容，在《庄子》里也出现了："子独不见狸狌乎？卑身而伏，以候敖者；东西跳梁，不避高下；中于机辟，死于网罟。今夫斄牛，其大若垂天之云，此能为大矣，而不能执鼠。"（《逍遥游篇》）这段话是说，豹猫和黄鼬两种动物，低伏着身体等待路过的猎物，各处跳跃，高下不惧，最后中了人类的机关，死在罗网之中。斄牛的身体非常大，但斄牛不像豹猫和黄鼬那样能够捕鼠。

类似的句子在《庄子》中还有："骐骥骅骝，一日而驰千里，捕鼠不如狸狌，言殊技也。"（《秋水篇》）

这些都是庄子对猫捕鼠的明确认知和生动记述。

《庄子》中的这些话，还经常被转抄，"牛鼠""马鼠"成了当时人的成语，见于《尸子》《韩非子》《说苑》《法言》《东方朔传》等文献之中。

比如《尸子》中说："使牛捕鼠，不如猫狌之捷。"（《御览》九一二引）此"猫狌"即彼"狸狌"，豹猫和黄鼬。

比较有意思的是，《说苑》中将"置之宫室使之捕鼠"的狸猫称作"百钱之狸""小狸"，前者透露着当时人们买卖捕鼠狸猫的现象，后者透露着强烈的生活气息。

《新序》中引齐宣王时人闾丘邛说："骅骝、绿骥，天下之俊马也，使之与狸、鼬试于釜灶之间，其疾未必能过狸、鼬也。"

釜灶之间，大概指的是厨房。这段文字虽然没有说狸猫捕鼠，但综合其他文献，我们可以认为这是古人尝试养猫捕鼠的佐证。

同时，以上多种史料在提到狸捕鼠时，顺便说到了鼬捕鼠，说明当时人们可能也尝试驯鼬捕鼠。

然而这些养猫捕鼠的试探，应该比较失败。从当时社会上仍然普遍养狗捕鼠这一点上，就能看出来。

其中缘由，大概与猫跟鸡的矛盾有关。

《淮南子》："狸执鼠而不可脱于庭者，为搏鸡也。故事有利于小而害于大，得于此而亡于彼者。"意思是说：猫能捕鼠，但人不能让它跑到院子里去，因为猫也会残害鸡。所以有的事情是弊大于利，让人感觉"捡了芝麻却丢了西瓜"。

《淮南子》又说"发屋而求狸"，意思是拆了屋子抓猫，这大概是极端情况下猫让人抓狂，使得人们连屋子都给拆了。

东汉王褒甚至说："是以养鸡者不畜狸，牧兽者不育豺，树木者忧其蠹，保民者除其贼。"（《文选·四子讲德论》）将狸猫比作民贼。

《淮南子》还说："乳狗之噬虎也，伏鸡之搏狸，恩之所加，不量其力。"这是一个非常悲壮的现象，说的是哺乳期的母狗为了自己的幼仔而勇于去战老虎，孵化期间的母鸡也可以去战狸猫，在亲情的作用下，弱小者也将不惜一切，无所畏惧。类似的话也出现在《庄子》佚文中，只有四个字，是"妪鸡搏狸"（《艺文类聚》引），妪鸡就是母鸡。

云南江川李家山滇文化墓战国青铜臂甲线图（右下狸食鸡）

养猫的意义之皮肉

除了捕鼠，人们去驯养猫的另外一个可能的动机，就是充分利用猫的身体，穿它的皮，吃它的肉。

这一点在今天猫粉看来，可能是完全无法接受的，但古代的现实就是那么"残酷"。

《诗经·豳风·七月》："一之日于貉，取彼狐狸，为公子裘。"这里的"狐狸"，跟今天我们说的狐狸这一种动物不一样，而是指狐和狸这两种动物。唐代孔颖达疏："一之日往捕貉取皮，庶人自以为裘。又取狐与狸之皮，为公子之裘。"

《尚书·禹贡》："梁州，厥贡熊罴狐狸织皮。""熊罴狐狸"是四种动物，孔颖达所谓"贡四兽之皮"。这句话的意思是梁州的贡品中有熊、罴、狐、狸四种皮料。

《左传·定公九年》记载，齐景公要赏赐梨弥，梨弥推辞说："有比我先登上城墙的人，我只是跟着他上去了。他戴着白色头巾，穿着狸皮大衣。"最后这句话的原文，是"皙帻而衣狸制"。"狸制"，就是用狸猫皮制作的衣服。

这是古人很早之前就利用猫皮的记录。

《礼记》的《内则》里，记录了古代贵族的各种规矩，其中自然少不了关于吃的内容："不食雏鳖，狼去肠，狗去肾，狸去正脊，兔去尻，狐去首，豚去脑。"说的是吃鳖而不吃幼鳖，吃狼而不吃狼肠子等进食规矩。其中的"狸去正脊"，指吃猫而不吃猫的前脊柱。古人把脊柱分成三段，前面的是"正脊"，中间的是"脡脊"，后面的叫"横脊"。总之当时人们不但吃猫，而且吃猫吃得还挺讲究。

顺便一说，从后来的文献上看，中国古人吃的"狸""猫"，其实很可能也不是境内普遍分布的豹猫，而是果子狸。这个问题我们需要另外深入讨论。

饲养有利于规模化，可控化。然而穿猫皮、吃猫肉，其实也并不一定要养猫，古人选择更多的方式恐怕还是野捕。即《庄子》所谓的猫"中于机辟，死于网罟"。

《庄子·山木篇》中说，胖大的狐狸和文彩斑斓的豹子，平时在山林中生活得小心翼翼，然而常常不免被人猎杀："是何罪之有哉？其皮为之灾也。"也可以与此参证。

又古人常说雉不可生得，但又常食雉，其所得多为野捕的死雉。即使养有活雉，恐怕也不是成熟的家禽。《庄子·养生主》："泽雉十步一啄，百步一饮，不蕲畜乎樊中。神虽王，不善也。"

从古人也养雉但不怎么成功这一点上，也可以想见古人养猫方面的失败。

养猫的意义之爱宠

古人养猫的第三个可能的动机，就是现代常见的养宠物需求。

《山海经·中山经》记录了一种动物，"其状如狸而白尾"，长有修长的鬣毛，名叫胐胐①，大概就是今天我们说的小灵猫，原文说"养之可以已忧"。

"养之可以已忧"的珍禽异兽，在古人的记载中一直也并不罕见。别的书证我们可以不看，单看《庄子》中这九种动物，其中老虎、斗鸡和海鸟三种，其实都是宠物。

异鸟作为宠物，在《庄子》中重复出现两次，而且作者给出了重点分析。这两段文字分别见于《达生篇》和《至乐篇》，内容大同小异，大意是：

从前有一只奇异的海鸟来到鲁国的郊外，鲁侯对它一见倾心。这只海鸟被鲁侯像接待外宾一样接进国中，鲁侯命人在太庙中设宴奏乐，其礼节极尽奢华隆重。但海鸟不饮不食，三日之后便一命归西了。

《庄子》中分析道：这是用人的好恶是非的标准来养鸟，并非用鸟的好恶是非的标准来养鸟。如果用鸟的好恶是非的标准来养鸟的话，应该让它栖息在茂密的丛林，让它遨游在

---

① 据郭璞注，胐音普昧反（pèi）。

沙滩山石之上，让它在江湖上自由游泳，给它喂泥鳅和鲦鱼，让鸟回到鸟的行列，任意自适。（此以己养养鸟也，非以鸟养养鸟也。……）

总之，这是一次养宠物失败的典型。主张逍遥无待的庄子，很可能不会喜欢养宠物。

而且，《庄子》对猫的感觉好像也没有特别好。《徐无鬼》篇说到相狗："下之质，执饱而止，是狸德也。"吃饱了就得，像狸猫一样的德性，在《庄子》中是最低等的。

庄子不养猫

"山林与！皋壤与！与我无亲，使我欣欣然而乐与！"主张"入兽不乱群，入鸟不乱行"的庄子，肯定是一个热爱自然的人。

我想庄子其实也有可能喜欢猫，只不过庄子爱的肯定是自然生长的猫，而不是作为别人的工具、猎物和宠物的猫。

猫的名字

什么动物能算是"猫"？

《现代汉语词典（第7版）》的解释是："哺乳动物，面部略圆，躯干长，耳壳短小，眼大，瞳孔随光线强弱而缩小放大，四肢较短，掌部有肉质的垫，行动敏捷，善跳跃，能捕鼠，毛柔软，有黑、白、黄、灰褐等色。种类很多。"

但其实，"家猫"应该才是现代人经典的、狭义概念上的"猫"。

上面词典里"种类很多"的"种类"，应该不是生物学意义上的"种"，而是指其宠物品种。

生物学上，家猫 *Felis silvestris catus* 只是一个亚种。学界普遍认为家猫演化自非洲野猫 *Felis silvestris lybica*，也有人说它演化自欧洲野猫 *Felis silvestris silvestris*。

我们亚洲也有原生的野猫 *Felis silvestris ornata*，但它跟家猫没有直接演化关系。

总之，家猫、亚洲野猫、欧洲野猫、非洲野猫，在生物学上都属于一个"种"，即野猫 *Felis silvestris*（又名"斑猫"）。包括家猫在内的各种野猫，在基因、外形、习性等方面都非常接近，所以可以统称为"猫"。

分布在亚洲大地上与野猫亲缘较近的，还有荒漠猫 *Felis bieti*（或 *Felis silvestris bieti*）[①] 和丛林猫 *Felis chaus*。它们同属于猫属 *Felis*。与猫属同级的有豹属、猞猁属、兔狲属，还有我国普遍分布的豹猫属，等等。其中猫属、豹猫属、猞猁属、兔狲属、金猫属等，又被统一归入猫亚科，以区别于包括豹属和云豹属的豹亚科。猫亚科相对于豹亚科来讲，一般体型较小。为我们所熟知的老虎，就属于豹亚科。老虎就经常被俗称为"大猫"。

猫亚科、豹亚科等从属于猫科 *Felidae*。一般意义上广义的"猫"，就可以勉强指猫科下的所有动物。

但事实上，"猫"的概念其实还要大一些。我们知道，猫科与犬科，同属于食肉目 *Carnivora*。但把狗叫做"猫"实在就说不过去了。但同属于食肉目的灵猫科 *Viverridae* 动物，经常也被称作"猫"，比如"猫屎咖啡"的"猫"就是灵猫。灵猫科的果子狸，其实古人也将之与猫混同，并也

---

① 本文所用生物学知识，主要参考《中国猫科动物》（中国林业出版社，2014）与《世界野生猫科动物》（湖南科学技术出版社，2019）。学界观点并不一致，比如荒漠猫，似乎更应该被当做野猫的一个亚种。

曾试图养来捕鼠。古人有所谓"蒙贵"的，大概相当于今天生物学上说的獴科 *Herpestidae* 动物。蒙贵在古代也被当作猫的别名。也就是说，古人也把獴科动物当作猫。

而在生物学上，獴科、灵猫科，跟猫科（另外还有鬣狗科），有一个总名，叫做"猫形亚目"。猫的最大概念，就是猫形亚目动物。

与猫形亚目平行的是犬形亚目，犬形亚目分裂脚类和鳍脚类。犬形亚目中的一些动物，有时也被人们当成"猫"，而不是"犬"。比如小熊猫（裂脚类小熊猫科）、大熊猫（裂脚类熊科），还有"海猫"（即海豹，鳍脚类海豹科）。但这些动物称"猫"，已经非常牵强了。

有人说灵猫不是"猫"，是出于"猫是猫科动物"的概念基础。有人说鬣狗其实是一种"猫"，是出于"鬣狗属于猫形亚目"的概念基础。大家的概念基础不同。

至于啮齿目的"紫猫"（即旱獭），还有皮翼目的"飞猫"（即鼯猴），甚至鸟纲中的"猫头鹰"，更甚至还有节肢动物门的"丁丁猫"（即蜻蜓），这些就实在不能算"猫"了。

总之，"猫"的概念，就徘徊于"家猫"＜"野猫"＜"猫属"＜"猫亚科"＜"猫科"＜"猫形亚目"之间。

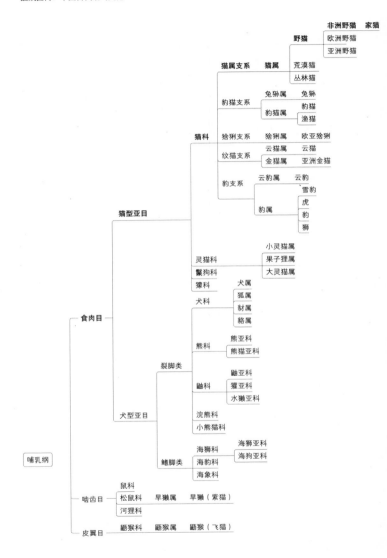

中国古代猫"品种"

如今，"国际爱猫者联合会（CFA）"承认的猫种有 40 多个，比如波斯猫、暹罗猫、布偶猫、英国短毛猫等等。这些是商业意义上的"品种"，跟生物学意义上的"物种"不是一个概念。

我们常说的"中华田园猫"，又称"土猫"，是一个不被 CFA 承认的"品种"。国际上品种猫概念的正式出现，其实不超过 200 年。但中国最早在唐代，就开始关注宠物猫的"品种"了。

国人爱猫始于晚唐，对猫种的关注亦始于此。段成式《酉阳杂俎续集》卷八《支动》："楚州谢阳出猫，有褐花者。灵武有红叱拨及青骢色者。""谢阳"即"射阳"，是汉代地名，唐改称"山阳"，为楚州治所，在今江苏省淮安市。褐花，即花褐色。灵武，今宁夏回族自治区银川市灵武市。红叱拨、青骢，本皆马名，可以解释为红马、青马。将形容马的毛色的词汇套在猫上面，是古人常做的事，如后文会说到的"乌云盖雪"等本亦指马。

北宋初，河南道青州（今山东淄博及周边地区）以"猫儿"进贡，见《太平寰宇记》卷十八。此青州猫儿定有非同凡猫之处，可惜文献不足。

南宋沈作宾《嘉泰会稽志》卷第十七"兽部"："今海

州猫最佳，俗云海州猫、曹州狗。"海州，治所为朐山县，在今江苏省连云港市海州区。同时期的陆游《嘲畜猫》诗曰："朐山在何许？此族最知名。"自注："海州猫，为天下第一。"

"狮猫"之名始见于两宋之交，《宣和画谱》已有"师猫"之目，南宋陆游《老学庵笔记》卷三记秦桧孙女"爱一狮猫"，同时期的《建炎以来系年要录》记绍兴十有二年（1142）八月己卯，宋高宗为金国搜访"白面猢狲及鹦鹉、孔雀、狮子猫儿"等物。《咸淳临安志》云："都人蓄猫，有长毛白色者，名曰狮猫，盖不捕之猫，徒以观美特见贵爱。"吴自牧《梦粱录》卷十三"诸色杂货"之"小儿戏耍家事儿"中亦有"狮子猫儿"。后世记狮子猫者，如《金瓶梅》中潘金莲所养"雪狮子"吓杀官哥儿事，《猫苑》引邸报记咸丰元年太监白三喜使侄进宫取狮猫事等。龚自珍《己亥杂诗》二一〇（自注"忆北方狮子猫"）曰：

> 缱绻依人慧有余，长安俊物最推渠。
> 故侯门第歌钟歇，犹办晨餐二寸鱼。

《猫苑》引张孟仙（名应庚）曰："狮猫，产西洋诸国，毛长身大，不善捕鼠。"其实狮子猫最晚在北宋末已然出现在中国，唯独以其不捕鼠，民间罕见，故有产自外国之说。《猫苑》作者黄汉："狮猫，历朝宫禁卿相家多畜之。"

朱彝尊《日下旧闻考》卷一百五十："波斯猫极大。"此所谓"波斯猫"大概就是指传说中来自外国的狮子猫，"极大"的部分原因应该是由其蓬松的长毛造成的视错觉。今天通常说的"波斯猫"，是 19 世纪的英国人选育出来的矮胖猫种，并非早年中国人所谓的"波斯猫"。

极少数正面写到狮子猫"国籍"的，偏偏说是暹罗（泰国）。明代马欢《瀛涯胜览》"暹罗国"："异兽有白象、狮子猫、白鼠。"今所谓"暹罗猫"毛短，绝非"狮子猫"。

方以智《物理小识》卷十："其自番来者，有金眼、银眼，有一金一银者。"明末清初的人们认为，外国来的猫有金色眼睛和银色眼睛的，也有一猫双眼一金一银的。此与长毛同理，不一定真出自外国。《猫苑》中记日月眼猫，广布于广东电白、江苏镇江等地。

临清狮猫，是少数传承至今的中国本土猫种。《猫苑》（1852 年初版）引刘月农巡尹（名荫棠）云："山东临清州产猫，形色丰美可珍，惟耽慵逸，不能捕鼠，故彼中人以男子虚有其表而无才能者，呼之为'临清猫'。"1934 年《临清县志》"经济志八·特产品"："一曰狮猫，比寻常者较大，长毛拖地，色白如雪，以鸳鸯眼者为贵，最佳者每对价值百元，北街回民多畜此居奇。"临清（市）今属聊城市，在山东西部。如前说，长毛、鸳鸯眼（金银眼）等性状出现于中国皆已甚早，或七百年，或二百年，总之中国本土有能力自己选育出长毛异瞳的宠物猫。或据县志中"北街回民多畜此居奇"等语以为临清猫是由本土猫与波斯猫杂交而来，似不可信。

　　同样传承至今的还有简州四耳猫。清袁枚《续子不语》卷四"四耳猫"条："四川简州猫皆四耳，有从简州来者亲为余言。"简州，今四川省简阳市，地在成都与遂宁之间。《猫苑》引《西川通志》且言简州四耳猫"神于捕鼠，本州岁以充方物"，被当做了贡品。又引张孟仙刺史云："四耳者，耳中有耳也，州官每岁以之贡送寅僚，所费猫价不少。"四耳本为畸形，但一般不会影响猫的健康，所以四耳猫不用像

波斯猫

折耳猫那样终身忍受病痛的折磨。

《衔蝉小录》中写到"盐城猫"，说淮安盐城县（今江苏省盐城市盐都区及亭湖区）所出猫甚好，与普通的猫不同，有一种眼睛是红色的，毛白如雪，其形似兔，盐城本地都少见。今未见传承。

《猫苑》中写到一种猫，尾梢较大，名"麒麟尾"，亦呼"如意尾""歧尾猫""九尾猫"。其产地或为广东南澳、潮阳，山东海阳，与山阴（在今浙江绍兴）。

《猫苑》引山东海阳人陆章民（名盛文）说：南澳岛（在广东省东南部）地形如虎，其地所产猫儿凶猛敏捷，但忌讳见海水，都说见了海水能使猫改变天性。带猫渡海来大陆的，必须在船上把猫藏严实了，才能免于猫过海不捕鼠。这当然

狮子猫

是一种迷信了。

《猫苑》引张孟仙说：最近广东有一种无尾猫，来自外国，跟一般不善捕鼠的外国宠物猫不同，这种无尾猫特别擅长捕鼠，甚至"可谓绝品"。

至于诸书夸耀"三足猫"擅长捕鼠，则出于幸存者偏差，不足为训。且三足畸形不能遗传，所以三足猫不足以成为一个品种。（前文所言四耳、麟尾等性状是否能遗传亦存疑。）

又，据清朱仕玠《小琉球漫志》卷四，琅娇山上有一种猫，尾巴较短，而且呈圆柱形，尾基部至尾梢粗细相同，"咬鼠如神，名琅娇猫，又名番猫"，颇为难得。琉球今已属日本。

"猫"是什么

"猫"繁体作"貓"，声旁为"苗"，形旁为"豸"。

豸（zhì）的早期字形，很像猫科动物，所以我很怀疑"豸"字的本意就是类似于猫的动物，与"犬"字作为偏旁时表示类似狗的动物一样（比如狼、狐）。

简化字和古代俗字中，"豸"旁常常被"犭"旁同化。上面我们说了，猫形亚目、犬形亚目同属于食肉目，所以"豸"旁被"犭"旁同化，也是有一定道理的，可以说"犭"旁就表示食肉目动物。

猫也可以用作动词，表示像家猫般弯腰、蹲坐或躲藏，比如"猫着腰儿忽达忽达的扇火"（《雍正剑侠图》十二回）。这个用法大概是民国以来产生的，沿用至今。

以上是与家猫有关的义项。

还有一些概念，我们很难说它们与家猫真的有关。

今人写作"船锚"的"锚"字，古人常常写作"猫"（或"貓"）。明代焦竑《俗书刊误》以为此字应该写作"錨"。古人或称此物为"铁猫儿"，似乎其"四爪"跟家猫有些关系。但未见古人明文，无法确定。

另外，"猫竹"（又作"毛竹""茅竹"）、"猫头笋"是否与家猫有关，也无法确定。虽然古人有一些相关传说，但恐怕只是无根柢的附会罢了。

今天我们把调制解调器 modem 称作"猫"，所谓"多图杀猫"①，就完全与家猫无关了，纯粹是记音。古地名"猫里务"（在今菲律宾）、"打猫"（在中国台湾）等，可能也都纯粹是音译词，与家猫毫无关系。

古人把夏天里的打猎叫做"猫"，这个词又被写作"苗"，但并不作"猫"。这个义项也跟家猫的猫完全无关。表示夏天打猎的"猫"应该读"苗"音，跟家猫的"猫"读音不同。这是字"形"相同的但"音""义"不同的现象。

----

① 早期用猫上网，遇到图多的网页会出现严重卡顿，这种现象被戏称为"多图杀猫"。

猫的别名

古人有时将猫称作"狸"。唐朝之前，古书中大多数单独出现的"狸"字，都是表示猫科动物的猫。（另外一些读作埋藏的"埋"。）

古今绝大多数文字、训诂著作里，对"狸"即"猫"这点的认定非常清楚。但是今天仍然有很多古籍注译者把"狸"解释成"狐"，这是很不应该的。

《淮南子·谬称训》："今谓'狐狸'，则必不知'狐'，又不知'狸'。非未尝见狐者，必未尝见狸也。'狐''狸'非异[①]，同类也。而谓'狐狸'，则不知'狐''狸'。"

早期文献中连在一起的"狐狸"（词性如同"虎豹"），大多是指狐和狸（如同虎和豹）两种动物，或者泛指狐和狸（如同虎和豹）之类的动物。"狐狸"偏指狐这一种动物，大概始于明朝，如《西游记》中"狐狸"即"狐"。但明朝之后单独出现的"狸"仍是指猫，极少指狐。

唐代陈黯《本猫说》："人曰：'苍莽之野有兽，其名曰狸。有爪牙之用，食生物，善作怒，才称捕鼠。'……虽为己食而捕，人获赖无鼠盗之患，即是功于人。何不改其狸之名，

---

① "异"字似衍。断句实当作："狐""狸"非同类也，而谓"狐狸"，则不知"狐""狸"。

遂号之曰猫。猫者末也。苍莽之野为本，农之事为末。见驯于人，是陋本而荣末。故曰猫。"已然明确区分说野生者为狸，家养者为猫。但其实早期没有这种区别，野生者也可以叫猫，家养者也可以叫狸。

有人说"狸"专指猫科豹猫属的豹猫，而事实上这太过绝对。古书中的"狸"确实常常是指豹猫，那是因为豹猫在中国个体数量多且分部范围广。但很多情况下，尤其是家猫尚未普及的六朝之前，猫跟狸几乎是没有差别的，都是指小型猫科动物，包括亚洲野猫、云猫、金猫、豹猫等，甚至包括兔狲和猞猁。

生活在中国的猫属动物"荒漠猫"，是最近几年才被生物学界逐渐认识到的，古人更不会把与自身生活关系不大的生物分类做得太细。学者尚且如此，普通百姓更是不用管，猫、狸的概念混用，自然在情理之中。

又有人说"狸猫换太子"的"狸猫"是指豹猫，这更是无稽之谈了。在该故事的出处《三侠五义》和《万花楼》等小说的原文中，丝毫看不出其所用"狸猫"出于野生的迹象。家猫易得，野猫难获，害人者没必要白费气力。有些评书版本中，更是直接交代了太监郭槐是见家猫而起意设毒计。评书《英烈春秋》中"狸猫换太子"的故事被改编成"猿猴换太子"，夏迎春害钟无艳所用猿猴，也是宫中所豢养的，而非野捕之物。

检索文献中的"狸猫"一词，也发现没有一例是表示野兽，反而有些明显作为家猫的辞例，如《红楼梦》的续书《绮楼重梦》第三十一回就说："有个人家，养着一只狸猫。"

我们知道，古汉语是以单音节词汇为主的。但发展到后来，双音节词逐渐增多，比如"比如"这个词，文言文中大多用"如"。"狸猫"和"猫"的情况应该一样。单音节的"猫"仍然存在，但偶尔人们会把它换作双音节的"狸猫"，而意义上并没有变化。

总之，"狸猫"一词就是"猫"的双音节形式，并非指豹猫或野猫。

然而，"狸花猫"的情况要复杂一些。"狸花猫"，又作"狸猫""黧猫""犁猫""梨花猫""花狸猫""狸斑猫"等。

前面我们说的"狸猫"是并列结构的词汇，里面"狸""猫"的含义相同。这里的"狸花猫"（包括与之同义的"狸猫"）是偏正结构的词汇，"狸花"（或"狸"）在这里是起修饰作用的，表示的是一种颜色。

《猫苑》引《相猫经》："猫之毛色，以纯黄为上，纯白次之，纯黑又次之。其纯狸色，亦有佳者，皆贵乎色之纯也。驳色，以'乌云盖雪'为上，'玳瑁斑'次之，若狸而驳，斯为下矣。"分明这里的"狸"是一种颜色。

那么，"狸"到底是一种什么颜色呢？元代李冶《敬斋古今黈》卷九："今呼猫犬之类毛色之杂者，皆谓之黧。"《论语·雍也》："犁牛之子骍且角。"三国时曹魏何晏集解："犁，杂文。驿，赤色。……角，角周正，中牺牲也。""鼸""犁"皆与此"狸"相通。

但这种"杂色"又区别于"驳色"。也就是说，"狸色"是一种相对均匀的杂色。想到猫身上常见的均匀的棕色"鱼骨纹"或"人字纹"，我们大概就能知道"狸色"的样子了。

《太平广记》中可见"赤狸大虫""赤狸虎"，以及"白狸者"（虎），其"狸"皆指"杂色"。但扬州清曲曲词中又有"是只雪白大狸猫"（《想迷了心》），"恨不能，变它一只花狸猫，长了一身乌云盖雪、雪里拖枪的毛"（《恨不能》）等辞例。可知"狸猫"的概念，其实也是徘徊在"狸色猫"和"家猫"之间的。

今天我们常常把猫叫做"猫咪""喵星人"。而古时除了"狸"和"狸猫"之外，猫还有很多别名。

唐五代时期，人们常称猫为"猫儿"，如状纸上都写："若是猫儿，即是儿猫。若不是儿猫，即不是猫儿。"当时还有个对子："蚁子子衔虫子子，猫儿儿捉雀儿儿。"一些成语，如"觑鼠猫儿""猫儿狗子"，都是当时留下的。以至于辞书《俗务要名林》径以"猫儿"为此"杂畜"名，《大唐刊谬补阙切韵》以"猫儿"注"猫"字（见《敦煌经部文献合集》）。

"衔蝉"的字面意思是叼着鸣蝉（的猫）。《衔蝉小录》引明末人陈懋仁的《庶物异名疏》："衔蝉，猫名，见《拾遗记》。"此说又见于方以智《通雅》卷四十六。其实六朝时期的王嘉《拾

257

遗记》中，很可能并没有相关说法。"衔蝉"作为猫的名字，最初见于五代时期陶谷的《清异录》"衔蝉奴"条。黄庭坚诗"买鱼穿柳聘衔蝉"，是其最有名的用例。

《清异录》中还记录了时人把猫称作"鼠将"，就是"伏鼠大将"的意思。

"闻道狸奴将数子，买鱼穿柳聘衔蝉。"这个"狸奴"也是猫的别名。古人认为，猫是畜生，奴至少是人，所以管猫叫狸奴是爱称。奴在古代也没有今天这么强烈的贬义，如唐高宗李治出身显贵，小名就可以叫"雉奴"，又如美男子潘岳小字檀奴，东晋人桓嗣小字豹奴，宋武帝刘裕小字寄奴。以"奴"为名，反而多有可爱的意味。又，燕称"燕奴"，橘称"橘奴""木奴"，多有与人相亲之义。

"狸奴"又作"鸒奴"，最早见于唐代禅僧南泉普愿的议题，所谓"狸奴白牯"，因此有人说"狸奴"之说出自佛家。（宋代吴可《藏海诗话》）

"狸奴"偶尔又作"猫奴"，意思则完全不变，因为猫即狸别名。又据网友火已说，如今以"猫奴"指养猫的人，源自 2003 年的猫吧："因为猫这家伙对主人总是爱答不理的，我们自称猫奴其实是一种自嘲。"

"春来鼠壤有余蔬，乞得猫奴亦已无。青蒻裹盐仍裹茗，烦君为致小於菟。"（曾几《乞猫二首·其一》）"於菟"本来是虎的别名，"小於菟"便是猫的别名。

猫的别名中有两个比较特殊，就是"蒙贵""乌圆"。"蒙贵"本来应该是指獴科动物，早在《尔雅》及郭璞注中就已出现，但早期并没有将之作为猫的别名。"乌圆"（又作"乌员"）的字面意思是"又黑又圆"，用猫眼的特点来指代猫。这个"别名"的说法起自唐代的《酉阳杂俎》，比产生在五代时期的"衔蝉""鼠将"和宋代的"小於菟"要早。

古时猫还有一些像"小狻猊""女奴"这样的别名，这里就不多解释了。

唐以后，国人对猫的热情有增无减，所以作为个体的猫还拥有一些自己独有的名字。

如唐末张抟的"东守""白凤"，后唐琼花公主的猫叫"昆仑妲己"，宋代陆游的"雪儿""粉鼻"，明代嘉靖皇帝的"霜眉"等。

《猫苑》中还总结了清代人对各种毛色的猫的特殊称谓：

纯一颜色的猫，叫做"四时好"。

身上黄黑白三色驳杂的，叫做"玳瑁斑"。

背上黑毛，但肚子和腿白毛的，叫做"乌云盖雪"。

纯白而尾独黑者，名"雪里拖枪"。

纯白而尾独纯黑，额上一团黑色，此名"挂印拖枪"，又名"印星猫"。

纯乌而白尾者，名"银枪拖铁瓶"。

通身白而有黄点者，名"绣虎"。

〔清〕佚名《睡猫图》

　　身黑而有白点者，名"梅花豹"，又名"金钱梅花"。

　　黄身白肚者，名"金被银床"。

　　若通身白而尾独黄者，名"金簪插银瓶"。

　　通身或黑或白，背上一点黄毛，名"将军挂印"。

　　身上有花，四足及尾上又俱花，谓之"缠得过"。

　　……

　　可见人们一旦爱上某种动物，对它的认识就会越来越细致。

古文字中有没有"猫"？

令今天的猫粉比较失望的是，中国古文字中并没有明确的"猫"字。

"猫"这个词屡次出现在《诗经》《礼记》《逸周书》等传世先秦文献中，分明古人的语言中有"猫"。但据我所知，现今可见最早的"猫"字，要晚到唐代才出现，如敦煌卷子、《崔祐甫墓志》（猫）和开成石经（貓）等。而一般所谓的"古文字"，包括甲骨文、金文、简帛文字和篆书等，都是指秦汉之前的。

这样就引起了学者们很多遐想：到底先民是怎么书写猫这个词的？

宋人徐铉《说文解字新附字》中有一个"小篆"的猫字（貓），《说文解字篆韵谱》径将之列入《肴部》。它的存在，恰恰说明了宋人所见汉代所著《说文解字》中并没有猫字，否则无需"新附"。虽然宋代之后人们所见《说文》有所散逸而非足本，但唐人慧琳《一切经音义》（卷十一）中也已经明确说到"《说文》阙此（猫）字"了。

徐铉这个猫字是怎么来的？是否是利用当时常见的楷书反推的呢？

杜从古《集篆古文韵海》中倒是也有个古文猫（猫），与徐铉版的猫字大同小异。但杜从古还要晚于徐铉。所以，这个字形的原始出处，其实还不好说。

这个字，徐铉、杜从古都作"豸"旁，与开成石经同。但《张猫造五给浮图记》《崔祐甫墓志》等唐代石刻文献，作"犭"旁，是古有二体。《玉篇》中以"豸"旁的"貓"为正体，以"犬"旁的"猫"为俗体（同时以"猫"为"夏田[①]"的正字）。

开成石经用标准字形，所以其《毛诗》《礼

敦煌卷子《毛诗音》（局部），编号伯三三八三，年代约唐贞观初

---

① 夏田即夏天里打猎。《尔雅·释天》："春猎为蒐，夏猎为苗，秋猎为狝，冬猎为狩。"

记》《五经文字》三处皆作"貓"，《张猫造五给浮图记》《崔祐甫墓志》则用俗字"猫"。敦煌卷子"貓""猫"并存，但大体仍以"貓"为正字。

《说文解字》中有"虦（zhàn）"字："虎窃毛谓之虦猫。"意思是说有一种短毛的老虎叫做"虦猫"。这个"虦猫"，有的版本写作"虦苗"。而且，因为《说文》无"猫"字，所以多数学者以为"虦苗"才是《说文》原文。

而且《诗经》《礼记》《尔雅》中的"猫"字，也因此被很多学者怀疑本作"苗"。

古字本少，确实有这种可能（只是"可能"）：语言中"猫"这个字最开始被写成"苗"，后来人们给它加上形旁造出"猫"这个专字。

〔西汉〕山岳狩猎纹青铜错金银车马具第二节（左一疑为狸）

问题是，把"苗"用作"猫"的书证，无论是在传世文献还是在出土文献中，几乎就再也没有了。

"苗"表示初生植物，字形、字义都比较清晰简单。"苗"字今可见最早的字形，是在西周晚期的"苗奸盨"中，用作人名，几乎并没有读作"猫"的可能。

总之，古文以苗为猫这种说法，其实也只是一种理论推测，并没有实证。

我们翻回来看"貓"字的形旁"豸"。

豸是什么意思，古往今来都有很多争议。从豸做形旁的豹、犲、貂、狸、貛等字来看，豸大概是一种食肉目动物。单育辰以为豸是虎字的变形，庶几近之。（单育辰《甲骨文中的动物之一——"虎"、"豹"》，出土文献与古文字研究第四辑，上海古籍出版社，2011）

马叙伦则径以"豸"为"貓"字初文，又以为豸、貓、豹、貌同源，认为这些字都是"貓"字异体。

《说文》："貌，籀文皃，从豹省。"意思是说，"相貌"的"貌"籀文如此，这个字的形旁是小篆写法的"皃"，声旁"豸"是"豹"的俭省。很多人不认同许慎这个说法，"貌"字的声旁明明是"皃"，不太可能是"豹省声"。但"豸"在这个字中表示什么，人们又说不好。

"貌""貓"相通的说法，则始于清人王煦的《说文五翼》：

《说文》无"貓"字。窃以"貘"从豸皃声，即古"猫"字也。《糸部》"緢"字注引《书》"惟緢有稽"，今《书》作"貌"，是"苗""皃"音通之证。……注以"从豹省"，于六书尤为乖舛。……"皃"字不用，且于《豸部》增附"貓"字，而"貘"字遂专属颂仪 [1] 矣。但以"貘"为"猫"语易惊俗，姑存之以俟考古君子。

这些说法未尝没有道理。天水放马滩秦简编号二二八简中，有一个疑似是"貘"的字，其文曰："日中至日入，投中林锺：貘殹，连面般，大口鼻目，不□长，善偻步，□□殹，色绿黑，善明目。病乳。"（参考《天水放马滩秦简》《天水放马滩秦简集释》《秦简牍合集4》及李零《十二生肖中国年》）"面般"似即"狸首之斑然"，又"大口""大目"，所言似确即猫，可惜字形漫漶，无法确定。《诗经·韩奕》"有貓有虎，有熊有罴"，"貓"夹在其中，确实也有可能读为"豹"，"豹虎熊罴"是古人常言。《逸周书·世俘解》"武王狩，禽虎二十有二，貓二"，其中的"貓"换成"豹"，似乎也更加通顺。

且先秦时期国人所见"猫"，多为今所谓"豹猫"，豹猫毛皮正略似花斑豹。"豹"字的古文，正是一种似虎而身

---

① 颂仪，通"容仪"。

上有斑的动物象形，后来才加上声符"勺"写成形声字。

至于豹字所从之"勺"，金文（🐾）及楚简（🐾）中或写如"鼠"，所以其字形多隶定作"䶅"。今合单育辰与马叙伦二家之说，似乎其"勺"或"鼠"读为古文"豹"更加合理。

总之，古人将豹猫和豹统称为"猫"，其字又写作勺、豹、貌，这种可能也是有的。

至于清人钱坫、胡玉缙等径指"狖"字为古文"猫"，则实在是无法取信。

狖为何物，古往今来争议颇多。《说文》以为"鼠属"，《字林》以为"如猴，卬鼻，长尾"，《仓颉篇》（注）又言"狖似狸，能捕鼠，出河西"等。愚以为"狖"即"鼬"，字又作"歑""猶""狖"，早期更有其象形字，即金文"䍃"（🐾）的声符。黄鼬今归入食肉目，古字多从犬或勺，即"似狸"，较狸猫为小，古人将之归入"鼠属"，这也是可以理解的。古人以为其物近于猿猴，大概是因为黄鼬"为物捷健"。古书中所谓的"猩猩"，有时即指此物，"猩"或作"狌""鼪"。钱坫因为"狖似狸，能捕鼠"，便以为"狖"即"猫"，不顾二字之形与音俱不可通的现实。其实捕鼠之兽并不一定是猫，黄鼬比猫更擅长捕鼠。

古文字中又有一个从虎从田的字（**勴**），甲骨文中四见，金文中一见。可惜全部用作地名或人名，无从判断字义，更不知它跟猫是不是有关系。陈邦福以为此即猫字。

假设这个字就是猫，则其中的"田"当读作"苗"，其中的"虎"当读作古文"豹"，构字与"豹"相通。当然这又只是一种理论推想。

汉语中有一个跟"猫"同义的词，就是"貍"（简化字为"狸"）。

古文字中，"貍"常常假借为表示埋藏的"薶"，但也有少数用作本义的，如银雀山汉简《孙膑兵法》"后列若貍"。

而这个"貍"字中的"豸"，在战国楚简中常常写成一种似"鼠"的字形。这跟"豹"字的情况类似，很可能这里的"鼠"或"豸"都应该读作古文"豹"。

秦简中（）则近于小篆（）之从豸。西周中期的金文"狸作父癸尊"中的"狸"则作""，左声右形。而更早的西周太保罍等金文中有一个用作地名的字（），也被整理者读作"狸"（lí），若此说可信，则此字是狸的独体象形字。

甲骨文中"霾"字，马叙伦以为其字下方正像狸猫形。

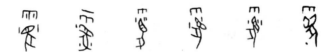

"狸""猫"声韵悬隔，但奇怪的是，表示牦牛的"牦"字，本来是厘（lí）声，但古人又将之写作"氂"（máo），甚至"牦牛"有时就写成"猫牛"。让人想到"狸""猫"两个字，是不是本来也有一些声韵上的联系。

《山海经·西山经》"其状如狸"郭璞注："或作豹。"是为"狸""豹"相通之例。

综上所述，先秦时期虽然有"猫"这个字，但出土文献中未见明确字例，只有同义字"狸"，而且"狸"多读作"貍"（lí）。"猫"字在当时有可能写作"苗"，也有可能写作"豹""貌"，"豹""猫"可能为同源词。古文字中的"豸"，以及"霾"字下方之兽，有可能就是"狸"，即猫。

最后，可能有猫粉坚持认为这个古文字（"鼎"）才是"猫"吧：

〔明〕张灏《学山堂印谱》
"不可以无鼠而养不捕之猫"

后　记

　　2016 年 5 月 16 日，因于远山道场讲《狸奴·小於菟》（"山经名物漫谈"系列第二讲），戏言自己可以写一本猫书。后来此文发在章黄国学微信公众号，有编辑朋友见了，约我译注《猫苑》，我又因之点校《猫乘》与《衔蝉小录》。再后来《猫苑译注》虽交稿但未出版，《衔蝉小录》虽经六稿也只为自娱自乐，唯独"山经名物漫谈"系列文章意外正式出版，是为《志怪于常：山海经博物漫笔》，《狸奴·小於菟》在其中。中间又陆续发表《中国家猫溯源传说》《庄子不养猫》《猫仙传说》等文章于澎湃新闻私家历史，其他篇章则未尝示众。2020 年，集中写成《猫奴图传》等文，加先前所写，得八万余字，凑成一编，编辑犹觉字少，遂又有《猫不入诗》。是为此书。

　　本书实为扩充版《狸奴·小於菟》，亦即一部倒叙的中国猫文化史相关读物。中国猫文化可分为三段，第一段是汉代之前，家猫尚未进入中国，国人偶然与豹猫接触，猫未能在史上留下深刻印记；第二段是魏晋南北朝至唐，家猫快速占领中国，但国人对猫尚充满恐怖、轻视之类负面感情；第三段是唐末以后，国人开始爱猫宠猫。人们常见的一些疑惑，如《诗经》时代是否有猫，十二生肖和猫的关系，都可以在本书中找到答案。有关猫的奇闻逸事，那些爱与不爱，那些善与恶，亦皆见于本书。

仍然有一些题目，如《有关猫的"血泪史"》，一直没有动笔。《古籍中的各种"猫"》《我佛不养猫》则已草就，等待集成下一部猫书。那些知识和趣味，还会继续。

感谢林赶秋先生慨为本书作序，感谢橘子和福尔摩宝为本书绘制插图，感谢所有为本书出力的朋友。

知 · 趣丛书

名士派：世说新语的世界　　徐大军　著

从"山贼"到"水寇"：水浒传的前世今生　　侯　会　著

梦断灵山：妙语读西游　　苗怀明　著

探骊：从写情回目解味红楼梦　　刘上生　著

所思不远：清代诗词家生平品述　　李让眉　著

梨园识小录　　陈义敏　著

志怪于常：山海经博物漫笔　　刘朝飞　著

儒林外史人物论　　陈美林　著

沈周六记　　汤志波　秦晓磊　主编

史记八讲　　史杰鹏　著

敦煌的民俗与文化　　谭蝉雪　著　李芬林　编

拾画记　　任淡如　著

神魔国探奇　　刘逸生　著

明人范：生活的艺术　　袁灿兴　著

寻幽殊未歇：从古典诗文到现代学人　　杨　焄　著

水浒琐语　　常　明　著

玉石分明：红楼梦文本辨　　石问之　著

鲁迅的书店　　薛林荣　著

海物惟错：东海岛民的舌间记忆　　周　苗　著

猫奴图传：中国古代喵呜文化　　刘朝飞　著